사회비판이론과 건축이론

글 임기택

주요철학자 소개

PART I 사회비판이론(프랑크푸르트학파) 사유의 특성

프랑크푸르트학파에 영향을 준 독일철학의 계보

1세대의 사유

1세대와 협력했던 철학자들의 사유

2세대 하버마스의 사유

3세대 악셀 호네트의 사유

소결

PART Ⅱ 사회비판이론과 연계된 건축담론과 독일 도시건축

프랑크푸르트학파와 연계된 건축담론

이상과 현실의 조화, 독일 도시건축의 특성

PART Ⅲ 시사점과 건축 적용 가능성

9

사회비판이론과 건축이론 / 호르크하이머, 아도르노 /하버마스/악셀 호네트

주요철학자 소개

호르크하이머 (Max Horkheimer, 1895~1973)

독일의 사회철학자. 1925년 프랑크푸르트 대학에서 칸트에 관한 논문으로 교수 자격을 얻었다. 1930년 사회과학연구소장 역임. 에리히 프롬, 마르쿠제 등과 프랑크푸르트학파를 개설했다. 아도르노와 함께 인종적 편견의 연구를 담은 5권의 저서『편견연구』를 저술했다. 나치의 박해를 피해 망명 후 미국 체류 경험을 바탕으로 낸 이 연구는, 인종적 편견을 의식의 심층까지 추구한 점에서 사회심리학사상 큰 업적으로 평가받는다. 사상적으로는 사회민주주의자이며, 학문적으로는 헤겔철학의 유산과 정신분석학의 지식을 결합시킨 특성을 보인다.

아도르노 (Theodor Wiesengrund Adorno, 1903~1969)

독일의 사회철학자. 미학자. 1세대 프랑크푸르트학파의 중심인물. 양차 세계대전과 미국자본사회의 부조리함을 경험하고 이성중심의 사유에 대한 근본적인 회의를 통해 체계성을 거부하고 근대문명에 대하여 독자적인 비판을 제시했다. 주요 저서로는『부정적 변증법』등이 있으며 맹목적 우연성이 지배하는 자본주의 체계를 비판하며 사회적 억압으로부터의 해방과 자유를 실현하고자 했다. 대표저서『계몽의 변증법』에서 도구적 이성의 총체화에 대해 비판했으며 인간해방의 가능성을 모색했다. 1934년 나치에 의해 추방되어 미국으로 망명했다가, 1949년 2차 세계대전 종료 후 다시 귀국, 호르크하이머와 함께 사회과학연구소를 개설했다. 1950년 프랑크푸르트대학 철학교수로 취임하는 한편, 파시즘 연구를 주제로 한『권위주의적 인간』을 저술하며 호르크하이머, 에리히 프롬과 함께 프랑크푸르트학파의 중심인물이 되었다. 이성 이면의 요소들을 중시하여 이성을 재고하고자

1 2 3

하는 시도는 예술과도 밀접한 관련이 있으며 미학에도 영향을 끼친 중요한 철학자이다.

마르쿠제 (Herbert Marcuse, 1898~1979)

독일의 사회철학자. 프랑크푸르트학파의 중심인물. 60년대 서구 학생운동의 정신적 지주(3M의 한명, 마르쿠제, 모택동, 마르크스). 당시 정치적 좌파세력에 강력한 영향력을 끼쳤다. 1898년 부유한 유대가정에서 출생하여 프라이부르크 대학에서 철학을 전공하고 프랑크푸르트 대학의 사회과학연구소 설립에 참여했다. 1933년 나치의 유대인 박해를 피해 미국으로 망명하여 정착, 캘리포니아 주립대 교수를 역임했으며 또한 미국의 보수이론의 한계를 지적하고 비판이론을 발전시키면서 실천적 중요성을 체계화했다. 학문적으로 헤겔의 변증법, 마르크스 소외개념, 프로이트의 에로스 사상을 통합하여 산업문명과 사회의 변증법적 비판이론을 정립했다.

'이성' 은 자유를 향한 도정의 역사이며 현실 변혁적인 '부정의 힘' 으로 규정하고 모순 개념을 역사를 추진하는 원동력으로 파악했다. 특히, 저서『일차원적 인간』에서는 현대의 고도산업사회로 인하여 기술이 몰가치화, 중립화되면서 지배계급의 이익을 위한 착취구조로 주장했고 노동의 긍정적인 참된 의미를 부각시켰다. 산업사회가 노동자 계급을 단순한 소비사회의 일원으로 발전시키며 자본가는 과학 및 기술을 가지고 노동자 계급을 '획일적인 인간' 으로 만들기 때문에 그것에 급진적으로 저항해야 하며 휴머니스트적인 인텔리겐치아가 되어야만 한다고 보

1. 호르크하이머 초상
2. 아도르노의 초상
3. 마르쿠제의 초상

았다. 시대적 정신의 상징적 인물로서 건축과 연관지으면 60년대 말과 70년대 초 저항적 감수성을 지닌 아방가르드 건축과 관련이 있다.

에리히 프롬(Erich Fromm, 1900~1980)

독일 사회철학자. 사회심리학 개척자. 프랑크푸르트 대학 사회과학연구소 설립에 참여했다. 유대인 가정에서 태어나 사회학 및 심리학을 전공했고 사회과학연구소의 강사 재직 중 1933년 나치의 박해를 피해 미국으로 망명, 귀화하여 여러 학교에서 교편을 잡았다. 자유의 의미를 평생의 화두로 삼아 소외를 극복할 수 있는 인본주의 공동체의 개념을 추구했다. 마르크스와 프로이트로부터 영향을 받아 인간심연을 분석하여 해방시키고 자본주의의 폐해를 극복하는 사회구조의 변혁을 추구했다. 『사회적 조건』과 『이데올로기』 사이에 '사회적 성격' 이라는 개념을 설정하여 세 가지의 역학관계에서 사회를 연구하여 사회심리학의 학문분야를 개척했다. 소외개념을 극복할 수 있는 인본주의 공동체는 동시대의 공유주택 개념과 연관 지을 수 있다.

위르겐 하버마스(Jurgen Habermas 1929~)

독일의 사회철학자. 비평이론가. 의사소통 행위이론에서 공공 영역의 개념을 담론화했다. 사회이론의 기초와 인식론을 중점적으로 연구했으며, 진보된 자본주의 사회와 민주주의, 비판적 사회 진화적 맥락, 현대 정치학(특히 독일)에 영향을 미쳤다. 이론적 체계는 이성, 해방, 현대의 기구와 인간 능력의 이성주의적이고 비판적인 소통 잠재력 가능성을 여는데 있었다. 그는 전략적 합리성에 의한 생활세계의 식민화를 극복하고 의사소통의 합리성의 활성화를 통해 자유가 실현되는 이성적 사회를 모색하고자 했다. 1세대 선학의 비판의식을 이어받으면서 동시에 실질적으로 해결의 가능성을 적극적으로 모색했다. 주체와 주체들 사이의 '대화' 라는 소통을 통해 이성의 어두운 폐해를 극복할 수 있을 것으로 생각했으며 그것을 의사소통구조의 연구를 통해 제시했다. 인간의 해방은 '합리적 의사소통' 을

4

5

6

통해 가능하다고 생각했다. 즉, 인간 사이의 의사소통은 언어 의미의 불완전성으로 인해 의사소통에서 필연적으로 왜곡되는 측면이 생기고 이러한 왜곡된 의사소통의 간격을 줄여나가는 합리적 의사소통이 진행되면 인간 사이의 갈등과 이성의 폐해 또한 줄어나갈 것이라고 주장했다. 즉, '의사소통의 왜곡'을 '의사소통의 합리성'으로 바꾸기 위한 이론으로써 '의사소통행위이론'을 제시했다. 또한 '의사소통 합리성' 개념을 설정하여, '생활세계'와 '체계'로 구분하는 새로운 사회개념을 완성하였으며, 체계에 의한 '생활세계의 식민화'라는 가정으로 근대적 병리현상을 설명한다. 지역과 땅이라는 콘텍스트와의 적절한 대응을 추구하며 새롭게 창조하고자 하는 비판적 지역주의와 공론장의 개념과 연계하여 건축적으로 사유해보아야 할 측면이 있다.

악셀 호네트(Axel Honneth, 1949~)

독일 사회철학자. 현 프랑크푸르트 대학 사회과학연구소 소장. 프랑크푸르트학파 3세대 대표철학자. '비판이론'의 지적 전통을 형성하면서 현대 사회를 비판하고 대안사회의 비전을 제시하고자 했던 프랑크푸르트학파의 계보를 잇고 있다. 학문적 관심은 사회적 무시를 극복, 인간의 동등성과 차이가 인정되는 사회상을 추구하며 인정질서 형성을 개인적 자유 실현과 이성적 윤리 실현의 필수조건으로 보았다. '인간은 자기 보존이나 권력 강화가 아니라 자신의 정체성을 인정받기 위해 한 사회 속에서 투쟁한다'는 주장에도 불구하고 공통점은 이성에 대한 비판적인 태도를 취하면서 지속적으로 새로운 이성관을 제시하려 한다는 점에 있다.

4. 프롬의 초상
5. 하버마스의 초상
6. 악셀 호네트의 초상

프랑크푸르트학파의 궁극적 화두인 이성의 실현을 통해 인간해방과 자유의 실현, 그리고 궁극적으로 사회진보가 가능하다고 보며 이성의 억압이나 왜곡은 동시에 사회적 억압과 지배의 원인이라고 본다. 그것은 이성의 점진적 발전을 믿으며 나아가는 독일민족의 발전 방향성과 일맥상통하며 프랑크푸르트학파가 줄기차게 제기해왔던 문제와도 유사하다. 마르크시즘에 인간학을 접목시킨 호네트 이론의 핵심은 인정투쟁이다. "인간은 자기 보존이나 권력 강화가 아니라 자신의 정체성을 인정받기 위해 한 사회 속에서 투쟁한다"는 주장이 담긴 개념이다. 호네트는 인정투쟁 이론을 윤리학, 사회 · 정치철학 영역으로 확장 적용하면서 새로운 행위 및 사회운영 원칙으로 발전시키는 작업을 지속하고 있다. 특히 사회적 인정의 조건에 대해서 탐구하여 기존 사회 구조 속에서 소외되고 억압된 것에 대해 기존 구조에 화합할 수 있는 방안에 대해서 논의하는 것은 건축, 도시 영역에서도 사유하게 만든다.

아홉 번 째 주제 /사회비판이론과 건축이론

(호르크하이머, 아도르노/하버마스/악셀 호네트)

아홉 번째 주제는 사회비판이론으로 불리는 프랑크푸르트학파의 사유와 이와 관련된 건축 및 도시담론 그리고 독일 도시건축의 흐름을 함께 살펴보고자 한다. 1권, 4권과 6권에서 프랑크푸르트학파 계보의 사유의 흐름을 바탕으로 이성의 폐해를 비판적으로 바라보는 학파 특유의 특성과 생활세계의 식민화 현상을 함께 사유했다. 9권에서는 프랑크푸르트학파의 비판이론과 직접적으로 연계되는 건축담론 및 공론장의 축소현상과 사회적공간의 개념에 대해서 좀 더 심층적으로 살펴보면서 건축과 연계시켜 사유해 볼 것이다. 19세기 중반부터 폭발한 산업혁명의 발전으로 인해 인류는 눈부신 과학기술의 발전과 대도시의 군집생활을 처음 경험했고 그 혜택을 누렸다. 그러나 그러한 이성의 긍정적인 장점 외에도 폐해도 막심했다. 인류는 양차세계대전을 겪으면서 이성의 한계와 폐해를 경험하면서 극복하거나 보완할 수 있는 사유에 집중해왔다. 그런 연유로 9권의 내용은 사유의 중심이 되는 학파를 태동시킨 독일이라는 나라의 건축문화, 특히 독일건축이 근대로부터 오늘날까지 발전해왔던 역사가 만들어나갔던 도시건축의 특성에 대해서 살펴볼 것이다. 독일의 파란만장했던 역사와 정치, 경제, 문화적 흐름은 유럽의 근대화 이후부터 현재에 이르기까지 인류가 경험했던 다양한 문제들이 집약된 집결체이며 이러한 상황들을 온몸으로 고민하고 고통 받으며 만들어왔던 결과물의 총체라고 할 수 있다. 독일은 소규모 도시국가들이 모여 통일 독일을 만들었으며 점차 힘을 축적하면서 세계대전을 촉발시키고 패망했다. 독일은 타의에 의해 국토가 분단된 이후, 자체적으로 여러 어려움들을 극복하며 마침내 통일을 성취했다. 이후 유럽을 주도하는 국가로 변화, 성장하고 있다. 이러한 과정은 유사한 상황을 경험하고 있는 한국의 현실과 많은 부분이 일치하며 이에 대한 시사점과 화두를 제시해 주고 있다. 특히, 도시건축과 관련하여 통일 이후 베를린의 도시에서 벌어지고 있는 상황에 대해 주목할 필요가 있다. 대도시 베를린은 소련의 영향 하에서 사회주의적 성향의 국가의 도시공간의 특성이 유지되다가 통일 이후 신자유주의적 가치가 접목되면서 많은 부분이 변형되었다. 이러한 변화양상을 살펴보는 것은 이질적인 이념과 외적변수들로부터 사회, 도시, 건축공간이 어떠한 방식으로 시행착오를 거치면서 구조화되고 표현되는지에 대해 통찰할 수 있는 기회를 제공하게 될 것이다. 사회비판이론은 사회를 바라보는 시각과 상당부분 정치적 당파성의 차원을 논의한다.

건축과 관련된 담론에 있어서 프랑크푸르트학파의 담론은 1세대의 사회 비판이론과 관련하여 모더니즘 건축의 획일성과 철저한 기능주의계획도시의 폐해에 대해서 논할 것이다. 2세대와 관련해서는 지역주의와 콘텍스트와의 '대화' 를 중시하는 비판적 지역주의 및 관련된 자율성개념, 그리고 크리스토퍼 알렉산더의 패턴언어의 상향식 건축소통방식과 공론장의 건축공간과 담론에 대해서 살펴볼 것이다. 3세대 인정이론과 관련해서는 화해의 건축과 공유건축, 및 도시재생 등의 사회적 합의를 중심으로 하는 도시건축의 양상에 대해서 살펴볼 것이다.

프랑크푸르트학파와 건축과 연관 지어 생각해볼 수 있는 부분은 다음과 같다. 독일의 기틀을 세운 비스마르크 시대의 싱켈의 신고전주의에서 독일 공작연맹과 바우하우스로 이어지는 대중을 위한 미적 발전의 역사에 대한 이성의 진보도 있었지만 그에 따른 심각한 부작용도 있었다. 이에 대한 사회비판이론을 전개했던 1세대가 있었다. 2세대에서는 대화를 중시하는 하버마스의 담론과 함께 땅과 콘텍스트와의 대화를 통해 새로운 건축을 추구하는 비판적 지역주의에 대한 것과 공공영역의 담론과 사회적 공간 및 공공공간의 축소현상에 대해서 사유할 수 있다. 3세대에서는 인정을 통해 주격(나)와 목적격(나)와의 화해를 이루는 사회적 합의의 방식에 대해서는 건축적 요소들의 새로운 방식에 대해서 생각해 볼 수 있을 것이다.

7

8

한편, 프랑크푸르트학파의 담론을 대상으로 하여 형성하게 된 독일이라는 나라에 대해 관심을 돌려보도록 하자. 독일의 도시건축 및 디자인을 보면서 우선 느끼게 되는 감정은 다소 전체주의적이고 획일적인 느낌까지도 들게 만드는 통일성에 있다. 독일의 도시건축은 일반적으로 실용적이면서도 다소 딱딱하게 느껴지는 것이 첫 번째 받는 느낌일 것이다. 그러나 자세히 살펴보면 그들의 건축은 훌륭하게 질서가 잡혀있고 그 가운데 다양성이 조화롭게 어우러져 표현되어 있음을 감지할 수 있다. 도시구조와 건축공간에 있어서 사유의 변화에 따라 많은 영향을 받으면서 생성되듯이 독일 역시 에서와 같이 다양한 차원의 사유가 당파적으로 투쟁을 벌이면서 응축된 다원적 역사의 요소들은 자연스럽게 독일 도시공간구조와 건축공간구조에 지대한 영향을 끼쳐 왔을 것이다. 기존의 틀을 송두리째 부정하거나 전복시키고자 하는 다소 과격한 후기구조주의 사유들과는 달리 프랑크푸르트학파는 일정부분 좌파적 시각(대부분 중도 좌파의 시각)을 견지하면서도 동시에 실천적인 사회비판과 대안을 탐구하고 있다. 그러나 그들의 입장은 후기구조주의와는 달리, 기존의 질서와 구조를 인정하면서 점진적인 발전(진보)을 신봉한다는 점에서 관점에 있어서 커다란 차이가 있다고 할 수 있다.

자유경제를 신봉하는 사회분위기에서 만들어지는 미국의 도시건축 표현의 특성

7. 힐베르자이머 도시계획 이미지
8. 독일 임대주택 단지

과는 달리 사회주의적 경향과 역사적 콘텍스트가 보다 강한 유럽과 다른 모습을 띠게 되며 신자유주의적 양상이 접목된 공간은 결과적으로 사뭇 다른 양상으로 나타나고 있다. 특히 통일 전 독일의 경우, 미국의 원조와 문화를 적극적으로 받아들인 서독과 공산권의 치하에 있다가 위성국가로 역할을 했던 동독의 사회분위기와 공간구조 및 건축표현양상은 매우 다른 상태였다. 통일 후 유럽의 맨해튼으로 불리며 활발하게 자본적 가치로 창발하고 있는 베를린 도시건축의 경우, 기존의 동독의 가치와는 다른 공간구조가 형성되고 있음은 당연하다.

독일의 도시건축은 역사적 소용돌이와 아픔을 겪으면서도 보수적인 가치와 구조를 유지하고 동시에 다양성을 합리적으로 포용해 온 역사를 지니고 있다. 독일의 역사와 국민성을 살펴보면 다른 유럽국가와는 정반대의 성향에서 도시건축의 방법론을 생각하게 만들며 그것의 장단점에 대한 특성을 고찰할 필요를 느끼게 한다. 결국 다양성을 포용하고 후기구조주의 사회의 특성을 반영하며 안정화한다는 점에 있어서는 결과적으로 유사하다고 볼 수도 있지만 특이한 점은 극단적인 전복의 메커니즘이 아니라 구조 속에 포용시키고 안정적인 조화와 통합을 추구하는 것이다. 즉, 다른 사유방식은 새로움을 추구하게 되는 원동력이 될 수 있다.

이러한 시각을 바탕으로 9권의 화두는 다음과 같다.

- 독일 3대 관념론자의 철학과 프랑크푸르트학파와의 어떻게 연계되는가?
- 마르크스의 좌파적 성향과 학파는 어떤 관계가 있는가?
- 마르쿠제 및 에리히 프롬의 가치관은 포스트모던 시대와 어떠한 관련성이 있는가?
- 하버마스의 사유와 도구적 합리성 개념은 어떠한 관계가 있는가?
- 아도르노의 부정변증법이 포스트모던 시대에 미친 영향은 어떠한 것인가?
- 인정질서와 프랑크푸르트학파와의 사유와 어떤 계보적 연관성이 있는가?
- 1세대 사회비판이론과 현대 도시건축에서 관련되는 부분은 무엇인가?
- 2세대 하버마스의 대화 및 공론장 개념과 도시건축과 관련된 부분은 무엇인가?

- 자율성개념과 비판적 지역주의는 하버마스의 담론과 어떤 부분을 공유하는가?
- 3세대 인정이론과 사회 및 도시건축은 어떠한 부분과 연계되는가?
- 호네트의 인간의 자유와 실천의 문제는 건축분야에 어떻게 연계되는가?
- 독일의 근대역사가 현재의 독일에 미친 영향은 무엇인가?
- 독일 국민성과 도시 공간 및 표현체계는 어떤 관계가 있는가?
- 독일 전후 건축 및 도시계획의 특성은 무엇인가?
- 독일 공작연맹과 바우하우스가 디자인과 건축공간에 미친 영향은 무엇인가?
- 독일 설계경기의 특성은 무엇인가?
- 베를린 도시 및 건축경향에서 독일성이 어떻게 구현되고 있는가?
- 질서속의 자유로움과 다양성이 어떻게 구현되고 있는가?

등을 구체적으로 사유해보도록 할 것이다. 16

사회비판이론(프랑크푸르트학파)

PART I

사유의 특성

독일의 국민성이 보여주는 특성과 장점은 무언가를 혁명적으로 바꾸기보다는 기존의 구조와 특성을 유지하면서 다양성과 변화를 점진적으로 받아들이고 내화시켜 발전을 지속하는 힘에 있다. 독일은 온 유럽이 혁명의 소용돌이 속에 있을 때 하부(시민)로부터의 혁명적 변화보다는 상위의 지도자층에서 먼저 솔선수범하며 변화를 주도해나가며 극단적인 혁명을 피한 특이한 역사를 보였다. 이 과정에서 지도자층은 다른 어떤 나라보다도 높은 수준의 도덕성과 청렴함을 근간으로 하여 통치했고 그것은 국민들의 지지와 자발적인 복종을 가져오게 만들었다. 이러한 역사의 흐름 속에서 독일 민족은 상대적으로 보수적인 정치 및 문화풍토를 만들어냈다. 그러한 사회적 분위기는 오늘날에도 면면히 이어지고 있다. 2차 세계대전 이후에 대폭적인 변화로 내, 외부로부터 나치의 특성을 지우고자 노력했음에도 불구하고 위로부터의 보수적인 개혁의 움직임은 계속되었다. 우리가 함께 사유할 프랑크푸르트학파의 담론과 이를 주도한 세력들의 이론 및 사회적 역할과 움직임 역시 이러한 흐름과 무관하지 않다. 프랑크푸르트학파는 '서구 마르크스주의' 로 분류된다. 좌파적 시각으로 세계를 바라보면서도 동시에 보수적인 측면이 있는 것은 이렇게 독일의 사회, 역사적 배경에 기인한다. 프랑크푸르트학파가 계속해서 세대를 넘어 담론화되고 있는 이유는 전복지향의 이상주의적인 좌파 성향과 변화의 점진적, 내적 수용을 이루는 상대적으로 우파적 시각을 조화시키는 힘에 있었다.

서양인이 바라보는 인류의 역사는 인간이 자기보존이라는 지상 목표를 달성하기 위해 신화와 주술에서 벗어나 자연을 법칙적으로 인식하고 지배하는 과정이다. 그것은 인식과 지배를 위해 자신과 사회 역시 합리화하는 '계몽' 의 과정이다. 그것을 가리켜 독일 근대철학자들은 '계몽의 변증법' 으로 간주했다. 그러나 현대사회는 '계몽의 역설' 이 극대화된 사회이다. 자연과학이 발달하고 자연을 지배하는 과정에서 인간 역시 스스로를 시스템 속에 집어넣어 인격을 물건과 같이 도구화시켰다. 프랑크푸르트학파 1세대들은 이렇게 문명화된 세계에 대한 비판의식을 통해 비판이론을 발전시키고 정교화 시켰다. 그러나 비판이론은 이러한 야만적인 사회를 폭로하고 비판하지만, 이에 대한 대안은 상대적으로 만족할 만큼 제시하지 못하는 문제점이 있었다.

2세대로 분류되는 하버마스의 의사소통 행위 이론은 1세대의 문제의식을 이어받으면서 단점으로 지적되는 대안제시의 측면에서 명백한 한계를 극복하고자 했다. 현대사회는 물질적, 과학적으로 고도로 합리화된 사회로서 일견 합리적인 사회처럼 보인다. 그러나 하버마스는 근대화 과정에서 인간을 물건과 같이 도구화시키는 도구적 합리성이 확대되면서 의사소통의 합리성이 잠식되는 현상에 집중하여 이에 대한 문제점을 부각시켰다. 하버마스는 계몽의 역설(생활세계의 식민화의 부정적 특성)을 통해 도구적 합리성과 의사소통의 합리성에 대해서 연구했다. 그는 더 나아가 사회는 체제와 생활 세계의 차원으로 구별하여 그 사회의 의사소통의 합리성의 수준에 따라 긍정적인 자립화 과정을 거치게 됨을 발견했다. ***'생활세계가 식민화 된다'***는 문장의 의미는 의사소통의 합리성이 발전하는 과정이 왜곡되는 것을 의미한다. 그것은 자립화된 체제의 메커니즘이 생활세계로 침투하게 되면 생활세계의 합리성이 파괴됨을 의미하는 것이다. 즉, 합리성과 효율성을 최우선시 하는 이성적인 사고와 대화로 인해 일반적인 생활에서 느끼거나 사용되는 감각적이고 감성적인 측면이 철저하게 무시된다는 점이 심각하다는 것이다. 달리 말해, 합리적으로 의사소통되어야 하지만 그렇지 못하고 생활세계가 도구적 합리성이라는 부정적 특성으로 인해 기능적으로 통합된 체계에 복속되는 과정이라는 것이다.

3세대 철학자 악셀 호네트는 이러한 2세대 철학을 유산으로 이어받은 상태에서 현재 프랑크푸르트학파를 실질적으로 이끌고 있으며 '인정'과 '무시'의 개념을 중심으로 사유하고 있다. 그는 사회적으로 억압받고 차별받는 사람들의 사회적 불의에 대한 울분을 사회적 저항의 현상과 연결시키고자 한다. 그것은 다원화되면서 발생하게 되는 소수의 의견과 권리를 옹호하며 안정된 사회로 나아가기 위한 사유라고 할 수 있다.[1] 그의 사유는 전임 세대의 사유를 발전시키며 현대사회를 비판할 수 있는 규범적 토대를 마련하고 대안적 사회의 방향을 제시하는 것을 목표로 한다. 그가 이러한 방향성에 몰두하는 근본적인 이유는 개인의 자아실현을 위한 사회적 조건을 밝히려는 관심 때문이다.

호네트가 강조하는 핵심적인 주장은 인정이 개인의 자아실현을 가능하게 하는 사회적 조건이며 무시는 개인의 자아실현을 불가능하게 하며, 새로운 인정관계 형성을 위한 투쟁 계기가 된다는 점에 있다. 사회의 발전은 무시의 사회적 범위를 축소시키고 인정관계를 포섭하게 하여 내용과 범위의 확대를 통해 사회를 더욱 안정적이고 바람직한 사회로 만들어나가게 하는 사유와 실천이 함께 이루어지는 방식일 때 가능하다는 것이다.

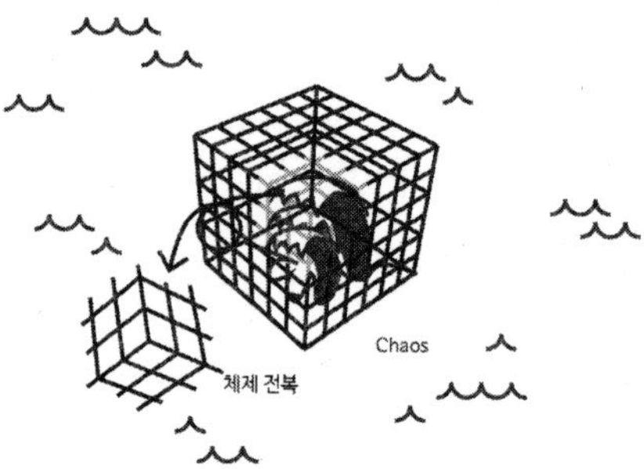

9

독일 현대사유는 후기구조주의적인 흐름과 그것을 포함하는 큰 흐름인 포스트모더니즘의 파편화되고 파괴적이면서 표현적인 경향과는 다른 방향성을 취해왔다. 그들은 합리성과 이성을 중심으로 점진적인 변화를 추구해왔으며 상향평준화된 대중의 균형 잡힌 삶을 실천하며 발전해왔다. 이러한 점은 좌파적인 속성이 매우 강한 여타 유럽의 정신계의 흐름과는 다른 방향이기에 프랑크푸르트학파를 살펴보아야 하는 중요한 이유가 될 수 있다. 20세기를 전후하여 인류는 건축분야에서

9. 후기구조주의의 구조파괴

1) 서독과 통일 독일은 출산인구의 감소라는 사회 현상과 함께 산업의 고도화에 따른 저차산업과 3D산업의 인력 부족으로 인해 지속적으로 이민정책을 펼쳐왔으나 인종문제, 다문화 문제로 상당한 진통을 겪어왔다. 호네트의 사유는 상당부분 이러한 독일의 문제에 대한 실천적 사회철학으로 해결책을 위한 사유를 모색한다.

모더니즘 도시건축의 비약적인 발전을 성취했다. 그럼에도 불구하고 그러한 변화가 만들었던 많은 폐해들을 극복하고자 하는 흐름과 현대 도시문제 및 독일 도시건축의 양상들은 1세대 프랑크푸르트학파 연구자들의 비판이론의 대상이 되었다. 2세대 이후 실질적으로 변화와 대안을 추구했던 바와 같이 건축분야에서 나타났던 양상들과 독일 도시건축의 양상들은 다른 서구 도시건축이 추구했던 방향성과는 궤를 달리하는 것들이 많았다. 독일 도시건축은 다소 과격하고 표현적인 포스트모더니즘 계열의 건축표현들과는 달리 합리적인 진보를 신뢰하며 동시에 전통을 중시하는 경향을 보여 왔다. 그것은 다양성을 획득하기 위해 기존의 구조를 혁파하고 새로운 것을 만들어나가는 방식과는 다르다. 그것은 기존의 구조를 인정하면서 다양성을 구조 속으로 포용하는 점진적인 방식을 선호한다. 이러한 점에서 그들의 사유가 다른 면모를 보인다는 점에 주목할 필요가 있다. 극좌파의 시각으로 보면 그들의 자세는 변화하는 세계에서 가치를 지키고자 하고 균형을 유지하고자 하는 보수화된 행보로 비판받을 수 있는 학문적 방향성이라고 할 수 있다.

이제, 프랑크푸르트학파 사유의 계보를 살펴보면서 도시 및 건축과 관련된 사유의 기본에 대해서 함께 사유하도록 할 것이다.

프랑크푸르트학파에 영향을준 독일철학의 계보

0901 프랑크푸르트학파의 개요와 비판이론

프랑크푸르트학파는 마르크스 이론을 독특한 형태로 계승하여 사회비판이론으로 승화시킨 지식인 집단이다. 이 학파는 1923년 당시 러시아에서는 폭력적인 볼셰비키 혁명을 수행하며 독일 내 좌파 지식인에게 충격을 주었다. 이러한 사건에 반응하여 프랑크푸르트학파의 행보는 마르크스주의의 '제3의 길'로써 우회하며 다른 차원의 방향성을 모색하는 운동이었다. 그러나 대중에 일반적으로 알려진 프랑크푸르트학파는 1930년대부터 독일 프랑크푸르트 대학 내 사회과학연구소에서 호르크하이머를 중심으로 공동작업을 펼쳤던 연구자 집단을 지칭한다. 후속세대들은 기존의 사유를 단순히 받아들이고 전파하는 것에서 더 나아가 이들의 지적 전통을 비판적으로 계승한 2, 3세대 학자들이 사유의 연장선상에서 의미 있는 작업을 지속하고 있다. 프랑크푸르트학파는 독일 철학의 칸트, 헤겔, 마르크스의 인식론에 흐르는 전통적 변증법적 비판정신을 계승하여 재구성고자 하였으며, 네오마르크시즘의 한 축을 형성했다.

1923 · 펠릭스바일에 의해 설립

1924 · 칼 그륀베르크 초대 소장 취임

1930 · 에리히 프롬 가입, 정신분석학 이론 정립

1931 · 호르크하이머 취임(1세대)

1933 · 나치에 의해 폐쇄 스위스 제네바로 이동**(마르쿠제 가입)**

1935 · 미국 뉴욕으로 이동

1947 · 아도르노, 호르크하이머「계몽의 변증법」저술

1950 · 독일 귀국**(마르쿠제, 에리히 프롬 미국에 잔류)**

1956 · 하버마스 영입(2세대)

1969 · 학생 시위대에 의한 강의 중단, 연구소 점거. 이후 아도르노 충격으로 별세

2001 · 악셀 호네트 취임(3세대)

연혁에서 보는 바와 같이 프랑크푸르트학파의 실질적인 실체인 사회과학연구소는 1923년 펠릭스 바일에 의해 설립되어 1924년 칼 그뤼베르크가 초대 소장에 취임했다. 1930년에는 에리히 프롬이 가입하여 정신분석학을 접목했다. 이듬해 1931년에는 호르크하이머가 취임했고 1933년에는 나치에 의해 연구소가 폐쇄되어 스위스 제네바로 연구소를 이동했다. 이후 사회과학연구소의 주요 인물들은 다시 미국 뉴욕으로 망명했다. 나치의 박해를 피해 망명한 미국 자본사회의 어두운 측면을 경험한 아도르노와 호르크하이머는 공동으로 계몽의 변증법을 집필하여 전 세계에 파장을 일으켰다. 1950년 그들은 독일로 귀국하였으나 마르쿠제 및 에리히 프롬 등은 미국에 남게 되었다. 1956년에는 하버마스가 2세대 소장으로 취임했으며 1969년에는 학생 시위대에 의해 강의가 강제로 중단되는 수난을 겪었다. 2001년에는 악셀 호네트가 취임하며 3세대 인정이론을 바탕으로 하여 사회비판의 역할을 일관되게 지속하고 있다. 그러나 긍정적인 모습 속에서도 주도세력은 역시 상부의 엘리트로부터였다. 이것은 일정부분 권위에 순종적이고 질서를 중시하는 독일 국민성의 특수성에 기인한 것이었다.

헤겔의 변증법은 프랑크푸르트학파의 이론적 근본이 되었다. 그들은 과학기술의 적용과정과 그것이 만들어내는 부정적인 문화적, 사회적 결과에 대한 관심을 집중했다. 특히 이성과 과학기술의 영향으로 나타났던 파시즘에 대해서 집중적으로 연구했다. 그들은 마르크스의 과학과 생산성에 관한 사유를 바탕으로 사회과학의 역할에 대해 연구했다. 그들은 과학기술혁명에 대한 소극적이고 비판적인 태도를 보인다. 비판이론은 마르크스의 유물사관과 변증법적인 방식을 받아들여 연구하면서도 비판적으로 승계했다. 또한 사회구조(경제, 사회, 문화, 정치구조)를 근본

적으로 고찰하여 자본주의와 사회의 정신적, 물질적 부패사항을 비판하며 근본적인 해결방법을 모색했다. 사유는 칸트의 비판철학과 독일 유심철학을 적용하여 실증주의와 유물론의 부족한 점을 보완했다. 그들은 자본주의뿐만 아니라 사회주의 역시 비판함으로써 인류의 실질적인 발전의 방향성을 새롭게 모색해왔다.

과학기술과 지식은 객관적이고 분명한 것처럼 보이지만 그것 자체는 변화할 수 있는 사실이 아니어서 실천(실증)적인 시각에서 비판적으로 받아들여야 할 필요가 있다. 이로부터 인간의 삶에 대한 적용문제가 중요한 문제로 대두된다. 인간세계에서 발생하는 모든 일들과 등장하는 사물들은 원인과 결과에 의해서 존재한다. 이 학파는 인간의 활동에 의해 나타나게 되는 모든 사회적 문제들과 징후 역시 이러한 원인과 결과에 의해서 나타나게 된다는 시각을 견지하고 있다. 따라서 그러한 문제점의 원인을 찾아 극복할 수 있는 방안을 찾아 개조하는 것을 그들의 목표로 하고 있다. 여기서 개조를 한다는 것은 행동을 통한 실천을 전제로 하는 것이다. 그들은 실질적인 변화와 실천을 위한 이론을 철저하게 중시한다. 이것은 마르크스의 핵심논점을 이어받은 것으로 볼 수 있다.

사회비판이론은 마르크스 이론의 전통에 따라 이론적인 내용도 중요하나 비판적인 관점에서 사회를 바라보고 더 나은 세계로 변화시키기 위해 실천을 가장 중시한다. 그들은 현실에서 적용 불가능한 이론은 쓸모가 없으며 사라질 것이라고 생각한다. 불평등한 사회의 갈등적 요소(빈부, 각종 차별, 산업화과정에서 발생하는 모순)등을 폭로하고 해결방안을 모색하여 실천적으로 변화시키는 것을 목표로 한다. 그러한 부조리한 상황들은 대부분 사회의 정치적 상황과 권력화되는 구조로부터 나오게 되는 경우가 많다. 따라서 비판이론은 이러한 주제에 깊은 관심을 보이고 있다. 다시 말해 비판이론의 궁극적인 목표는 단순히 비판만 하는 것이 아니라 비판을 통해 기존사회의 부족한 부분을 보완하거나 발전시키거나 더 안정적인 새로운 사회로 변화시키는 것을 목표로 한다.

0902 근대 독일 3대 관념론, 칸트, 피히테, 헤겔의 영향

사회비판이론은 독일 관념론의 전통에 뿌리를 두고 있다. 사회비판이론의 근본이 되는 근원에는 이상적인 이성을 신봉하고 이성을 중심으로 하여 주체적으로 합리적으로 세계를 파악하고자 하는 칸트로부터 시작되는 독일 관념론과 연계된다. 그들은 합리적인 이성으로 진리와 현실과의 간극을 줄여나가고자 하는 노력을 지속했다. 따라서 사회비판이론의 근본적인 토대를 이해하기 위해서는 독일 관념론을 살펴볼 필요가 있다.

일반적으로 독일 관념론은 칸트의 이성에 대한 반성과 비판으로부터 시작하여 본격적으로 피히테, 셸링, 헤겔이 이끌었던 근세의 사상적 흐름을 지칭하며 다른 말로 독일이상주의' 라고도 한다. 그것은 칸트의 비판적 관념론을 계승하면서 동시에 칸트와의 대결을 통해 형성된 사유의 흐름이다. 서양철학계는 데카르트 이후 정신과 물질로 나뉜 이원적 세계관에 지대한 관심을 가져왔으며 이 두 가지를 어떻게 조화시킬 것인지에 대해 사유해왔다. 독일 관념론자들은 주관과 객관, 자연과 인공, 유한과 무한, 이상과 현실의 대립을 철학적 사유 체계에서 유기적으로 조직화하고 통일시키려고 시도했다. 이러한 방향성이 프랑크푸르트학파에서도 모순적인 두 상황을 조화시키고 화해시키려고 하는 전통을 만들었고 점진적 발전을 이루어나가려고 하는 학문적 자세에 영향을 주었다고 할 수 있다. 그들은 이론적 의식과 실천적 의식의 전 영역을 통합하고자 했고 칸트의 '실천 이성의 우위'의 사상을 계승하며 실현하고자 했다. 그것은 자유와 도덕의 실현으로 나아가는 과정이었으며 다른 한편으로 근대적인 인간 존재와 폐해에 대한 반성과 구조를 정착시키고자 하는 노력이었다. 이러한 노력은 후에 독일관념론의 흐름과 함께 실천을 중시한 노력이 이루어졌고 이후 쇼펜하우어 등의 비합리주의 사유의 등장과 다른 한편으로 포이어바흐, 마르크스, 엥겔스 등의 물질과 실천의 행동을 중시하는 유물론의 철학의 갈래로 나뉘게 되었다.

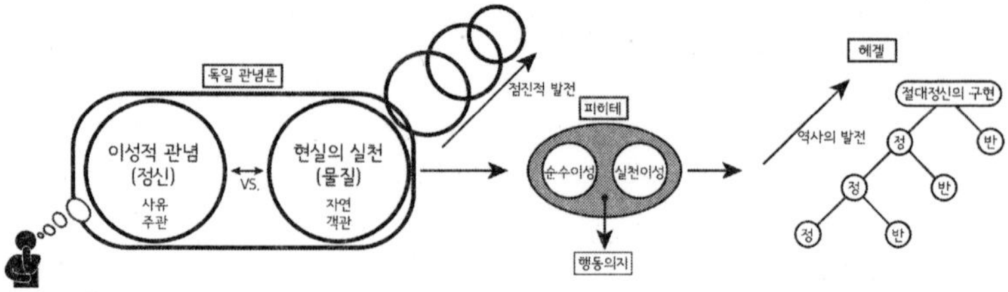

10

우선 칸트는 이성과 과학에 대한 한계를 비판했다. 칸트는 유명한 이성비판에서 이성의 선험성을 강조하면서 보편성과 필연성에 입각하여 판단하고 경험하는 가능성을 명료하게 이성적으로 분석했다. 그러나 그는 인식을 인간과 관련된 현상세계에 한정하는 단점을 보였다. 사물 자체에 대한 사유(마르크스적 사고)는 빠져 있는 것이었다. 칸트의 사유 역시 사변적인 관념론에 불과했던 것이다. 쉽게 이야기해서 머릿속의 생각일 뿐 실생활에 어떠한 영향도 미치지 못하는 것으로 느껴진다는 것이다. 따라서 칸트의 사유체계에서는 자유의 세계와 객관적인 사물이 지배하는 자연세계가 나뉘어져 있는 것이나 다름없다. 독일 관념론은 칸트의 이원론적 입장을 넘어서서 일원론적인 통일적 체계를 수립하기 위해 각기 다른 입장에서 계속적으로 간극을 줄이려는 노력이 시도되었다. 헤겔의 변증법은 이러한 이원적인 세계에 대한 인식을 과정적으로 통합시키는 것이었다. 실재성과 관념성을 의식의 상호작용을 통해 의식의 입장에서 실재를 설정하도록 하는 것이 독일 관념론의 주요한 방향성이다. 과정적으로 통합시키며 조화를 이루는 것 그것이 바로 프랑크푸르트학파의 미덕이요 핵심적인 학문적 자세였다.

칸트의 3대 저서는 『순수이성비판』과 『실천이성비판』그리고 『판단력비판』 등이 있는데 그것은 인간의 이성으로 인해 발생하는 세 가지 질문인 진, 선, 미에 대한 인간의 판단이 어떻게 이루어지고 있는지에 대한 통찰을 보이고 있다. 쉽게 말해, 칸트는 첫째, '우리는 무엇을 알 수 있는가?' 의 인식의 조건을 사고를 한 것이 『순

10. 독일관념론의 특성과 이후 영향

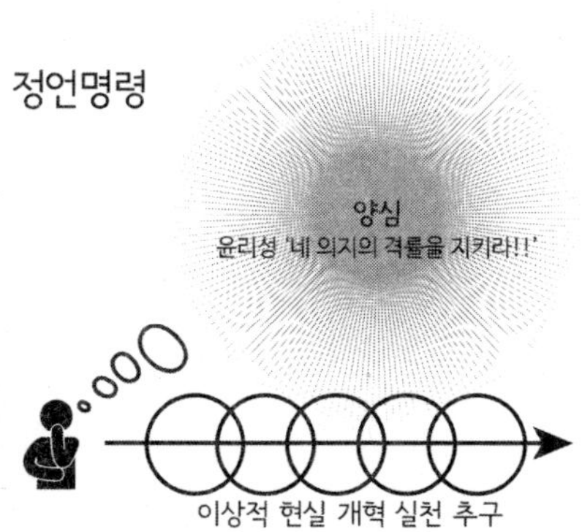

11

수이성비판』이며, 둘째, 우리는 무엇을 해야 하는가? 라는 이성적으로 판단하는 것을 현실에서 어떻게 도덕적, 윤리적으로 행동할 것인가에 대한 사유를 한 것이 『실천이성비판』이며, 셋째, 우리는 무엇을 희망해도 되는가? 라는 미학과 고상한 목적에 대해서 논한 것이 『판단력 비판』인 것이다. 이러한 세 질문은 존재, 인식, 윤리문제에 대한 질문과 해답을 찾는 것이다. 독일미학의 시초를 만든 사람도 바로 칸트이다. 여기서 알 수 있듯이 칸트의 주요한 관심사중 하나는 관념으로서의 이상적 사유세계와 현실세계(실천)를 어떻게 조화시켜나가야 하는 것임을 알 수 있다.

칸트의 실천이성비판에서 '정언명령' 은 이성과 양심이 행하는 대로 행동하라는 것이다. 다른 말로 하면 "네 의지의 격률이 언제나 동시에 보편적 입법의 원리가 되도록 행위하라.", "네 자신에게나 다른 사람에게 있어서 인격을 언제나 동시에 목적으로 대우하고 수단으로 대하지 말라."라는 문장으로 요약된다. 정언 명령은 그 자체로 '윤리' 의 법칙이다. 법칙의 보편성과 이 법칙에 맞게 행위해야 한다는 준칙의 필연성을 포함하고 있는 순전히 윤리적인 개념이다. 이데아와 같이 혹은 내 마음속의 별과 같이 반짝 반짝 빛나는 양심과 같은 것이다. 그것은 이상적 사

11. 정언명령의 특성

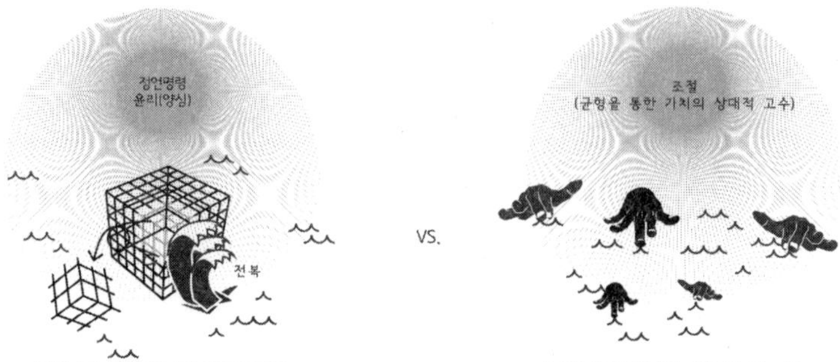

좌파적 속성(이상 실현을 위한 현실 전복 개혁) 우파적 속성(균형을 통한 가치의 상대적 고수)

12

회를 설정하고 주위의 변화와 변수들을 이상에 맞추어 끼워 맞추고 때로는 혁명적인 방식일지라도 변화시키고 실현시키고자 하는 시각이며 이러한 자세는 상당 부분 좌파적 속성에 부합하는 것이라고 할 수 있다.

정치적으로 우파(보수주의)는 지키고자 하는 가치를 위해 상대적인 가치를 조절하는 것을 중시했다. 그들은 상대적으로 보수적인 특성을 유지하기 위해 현실세계에서 벌어지는 다양한 변수들을 고려하여 조화를 이루어나가며 체제를 유지하고자 하는 속성을 중시한다. 따라서 변화의 변수를 잘 조절하고자 하는 특성을 지니고 있다.

과정적(이론+실천)의 합리성을 신봉하는 것이 바로 프랑크푸르트학파의 핵심이다. 프랑크푸르트학파는 이러한 이론과 실천 혹은 현실과의 간극을 메우고자 마르크스/심리학(프로이트)/사회학 등등의 다양한 연구 분야를 접목하고 통합하여 근대 이성이 만들어냈던 다양한 폐해와 어려움과 부작용 등을 극복하고자 했다. 독일 관념론은 다른 유럽의 나라보다 당시 상대적으로 뒤떨어져 있었던 독일에서 근대성이 내면화되고 관념화되며 근대성의 측면으로 체계화된 것으로 보아야 할

12. 좌파와 우파의 당파적 특성

것이다. 이들의 사유는 당시 진보적이었던 스피노자의 범신론적 관점을 수용하면서 개인주의보다는 능동적 자아와 근대사회로의 과정을 중시하는 시대적 산물이라고 볼 수 있다. 독일 관념론은 실천과 객체를 중시하는 흐름으로부터 유물론, 현상학이 나타나게 되었으며, 자아 중심의 사상과 낭만주의가 결합하여 신비주의 및 실존주의의 갈래로 나아갔다. 오늘날 중도좌파로서의 입장에서 합리적 이성을 바탕으로 하며 이론과 실천을 중시하며 통합하여 점진적 사회변화를 추구하는 프랑크푸르트학파의 자세는 이처럼 독일 관념주의의 학문적 흐름에서 이상적, 합리적 이상과 사회적 실천을 종합하여 실천하고자 하는 흐름에서 영향을 받은 것이다.

앞서 살펴본 바와 같이 사회비판이론을 창시한 프랑크푸르트학파 역시 칸트로부터 이어진 독일 관념주의의 전통의 연장선상에서 사유를 하고 있음을 느낄 수 있을 것이다. 이성이 지배하는 판단의 세계와 현실(실천)의 세계와의 조화를 중시하는 사유는 곧 마르크스의 사유와 함께 현실세계를 실천적으로 변화시켜나가고자 하는 움직임과 함께 프랑크푸르트학파의 사유에 영향을 주게 된다.

0903 마르크스와 좌파성향의 비판이론

프랑크푸르트학파는 비판적 시선으로 올바른 이성의 사용을 통해 인간해방을 목표로 하고 있다. 그들은 교조적인 마르크스 목적론적 유물사관을 극복하고 합리적으로 보완하기 위해 프로이트, 실존주의, 헤겔의 관념론 등을 수용하여 발전시켰다. 여기서 교조적이라는 것은 당시 사회의 이데올로기, 관념의 과학이라고 칭하여지는 시대의 규정된 프레임(시대의 과학)으로 억압적이고 무언가로 몰아가려고 하는 것이다. 이후 인류의 역사적 흐름은 이성의 폐해를 극복하고 인간의 심리와 이성의 폐해를 극복하기 위한 현상학적 실존주의와 실천의 철학을 접목하여 사회를 변증법적으로 발전시키고자 했던 것이다.

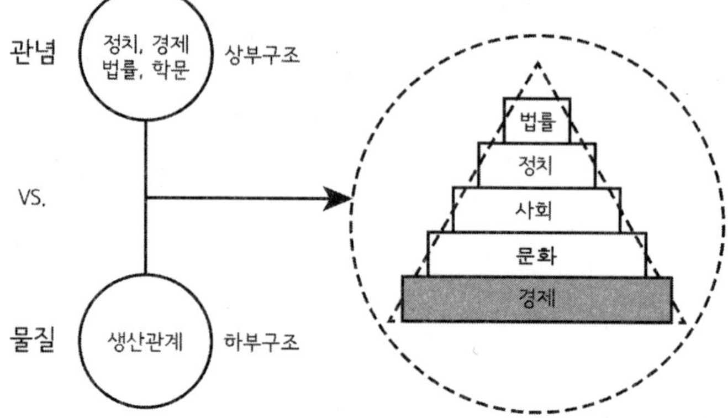

13

그림 13은 마르크스의 이론에 영향을 받아 생산관계로 이루어진 하부구조와 정치, 경제, 법률, 학문 등의 상부구조라는 관념으로 이루어진 구조에 대하여 논하고 있으며 마르크스의 예언대로 물질적인 생산력의 변화를 보여주고 있다. 다시 말해 마르크스의 사적 유물론에서 역사를 발전시키는 원동력은 '관념' 이 아니라 '물질' 이라는 생각이 주를 이루고 있다. '역사의 실체' 는 노동에 의해 세상과 작용하는 인간, 인간 상호간의 관계를 규제하는 생산관계를 밝히는 것이다. 인간의 존재에 필수적인 물질적 생산이 정치, 경제, 법률, 학문 등의 관념을 발달시킨 토대가 된다는 것이 사유의 기초가 되었음을 1권에서 살펴본 바 있다.

마르크스는 『경제학 비판』서문에서 "사람들의 의식이 그들의 존재를 규정하는 것이 아니라, 그 반대로 그들의 사회적 존재가 그들의 의식을 규정한다."라고 언급한 바 있다. 물질적 생산관계에 장애가 생기고 물질적 생산력에 변화가 생기게 되면 상부구조는 유동하며 변화에 직면하게 되고 그것이 정, 반, 합적인 움직임을 통해 사회구조의 변화와 발전이 이루어지게 됨을 역설하며 그것이 근대 자본주의에서 20세기의 자본주의와 사회주의의 실험으로 나뉘게 되는 근본적인 원인이 되었음을 논하고 있다.

13. 관념과 물질의 상부구조와 하부구조개념

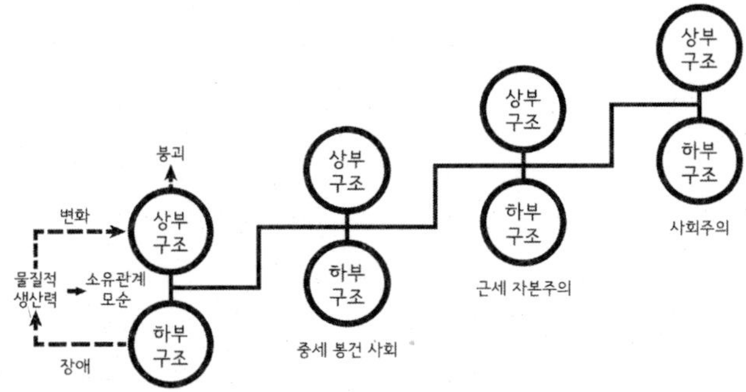

14

프랑크푸르트학파의 이론적 배경을 살펴보면, 학파의 관심이 집중되는 것은 올바른 이성의 사용을 통하여 인간 해방을 목표로 '사회비판이론' 을 정립하는 것이다. 올바른 이성으로 모순적인 특성이 드러나는 현실을 대면하면서 그것을 합리적으로 개선시키고 올바른 방향으로 점진적으로 발전시켜나가는 것을 목표로 하는 것이다. 독일 관념론의 연장선상에서 프랑크푸르트학파의 계보에는 공통적인 특성이 있다. '차이' 가 있다는 것은 이미 그 자체에 다양한 가치가 존재하고 있음을 의미한다. 인종적 차이, 문화차이, 인권문제와 같은 현대의 다양한 문제들은 이미 세계가 하나의 지구촌화 되어있는 현실에서 매우 중요한 문제가 아닐 수 없다.[2] 문명의 충돌이라는 화두도 사실은 서구적인 시각에서 나온 것으로 보아야 할 것이다.

프랑크푸르트학파는 헤겔의 목적론적 절대정신의 진보를 믿기 때문에 기본적으로 정, 반, 합의 변증법적 시스템을 신뢰했다. 그들은 내적 모순을 극복하면서 자체적인 진화를 이루어나간다는 믿음을 공통적으로 가지고 있었다. 따라서, 각 단계별로 내적 모순을 극복해나가는 각 시기의 시대정신과 관련된 정신계의 사유와 적극적으로 결합하여 내적 모순을 극복하고자 하는 비판적 사유에 선봉적인 역할

14. 각 시대별 상부구조와 하부구조의 발달과정

2) 문성훈, 미셸 푸코의 비판적 존재론 그 미완의 기획, 도서출판 길, p6

을 수행했다. 구조적인 요소보다는 구조 이면의 다원적인 차이와 관련된 요소들에 더욱 중점을 두었던 프랑스 현대철학자들과는 달리 그들의 사유는 사회의 기본 구조를 인정하고 시대의 다원적 차이를 수용하며 리뉴얼되는 구조에 대해서 사유한다는 점이 근본적인 차이점이다.

비판이론을 정리하면 세 가지의 특성이 있다.
첫째, 현실을 비판하여 무언가 드러내어 폭로하는 특성이 있으며
둘째, 문제를 실천적으로 개선시키거나 변화시키고자 한다. 이것은 상당부분 마르크스의 이론에 영향을 받은 것으로 생각할 수 있다.
셋째, 사회 변혁과 비판에 대한 규범을 제시하고자 한다.
따라서 그들의 이론은 이론으로만 그치는 것이 아니라 현실과의 간극을 실천적으로 좁히면서 적극적으로 변화시켜 나가고자 한다.

앞서 언급한 대로 과정적(이론+실천) 합리성을 신봉하는 것이 바로 프랑크푸르트학파의 핵심이다. 그들의 사유는 이론과 실천 혹은 현실과의 간극을 메우고자 마르크스/심리학(프로이트)/사회학 등의 다양한 연구 분야를 접목하고 통합하여 근대 이성이 만들어냈던 다양한 폐해와 어려움과 부작용 등을 극복하고자 했다. 프랑크푸르트학파의 역사적 위치를 살펴보기 위해 근대로 거슬러 올라가보자. 유럽에서 발생했던 전제군주의 몰락과 시민혁명을 통해 시민계급이 중심이 되는 민주주의 정신이 발아했다. 또한 산업혁명으로 인해 자본주의가 발전되며 혁명적으로 기존의 사회분위기가 변화되는 양상들이 발전해나갔다. 자연스럽게 당시 유럽 각국의 군주나 귀족 출신의 지도자들은 공포에 떨 수밖에 없었다. 독일의 경우, 이러한 유럽사회의 분위기속에서 몰락을 피하기 위해 지도층에서부터 스스로 솔선수범하여 청렴하고 엄격하게 개혁을 추진해나가며 민주적 입헌군주국으로서의 기틀을 다졌다. 철의 재상으로 알려진 비스마르크의 철권통치와 강력한 국가기반의 완성과 산업의 발달 등은 통일 독일을 완성하고 강력한 국가로 만들어

나가는 기초를 마련했다. 건축부문과 관련하여 싱켈은 신고전주의에 입각하여 새로운 시대정신과 산업혁명 및 과학기술을 받아들여 건축공간을 계획했다. 비록 그들의 사유가 사회비판적이고 좌파적인 시각인 마르크스로부터 많은 영향을 받은 것이 사실이지만 그들은 그들의 사유가 변증법적 발전을 통해 사회진보의 힘을 신뢰했으며 다양성을 포용하면서 점진적으로 발전하고 있음을 강조했다. 상부로부터의 보수적 개혁을 점진적으로 추구한 역사에서 살펴볼 수 있듯이 독일인은 이후 전체 대중의 미적 수준을 높이고 싸고 수준 높은 공예품과 환경을 획득하기 위해 독일공작연맹과 바우하우스로 이어지는 근대건축운동을 활발히 전개했다. 이러한 조직적이고 산업적인 방식은 현실과 물질에 기반을 두면서 동시에 대중들의 생활을 이상적으로 향상시키고자 했던 독일역사와 국민성에 기인하는 것이었다.

15

15. 호르크하이머 초상

1세대의 사유

0904 호르크하이머의 비판이론

프랑크푸르트학파의 주요 활동은 맹목적 우연성이 지배하는 자본주의 체계를 비판하는 것으로 시작되었다. 그들은 사회적 생산과정을 이성의 원칙에 따라 목적의식적이고 자주적으로 통제하는 것을 바람직한 것으로 생각했으며 사회적 억압으로부터 해방과 자유, 실현의 방법론을 발전시켜야 한다고 생각했다. 1940년대 비판이론은 '계몽의 변증법' 이 도구적 이성의 총체화를 비판했으며 '부정 변증법' 이라는 아도르노의 사상을 통해 인간해방의 가능성을 모색했다. 그러나 그들의 비판은 사회적 실천에 있어서 60년대 후반 극좌파 학생들의 비판을 받게 되었다. 극좌파학생들에게는 일반적으로 좌파로 분류되는 그들의 사유 역시 상대적으로 보수화된 좌파로 여겨졌던 것이다.

호르크하이머 사유의 최종목적은 자유와 이성의 실현을 추구하는 것이었는데, 이것은 헤겔의 영향을 직접적으로 받은 것으로 이해할 수 있다. 전통적으로 이론은 역사를 뛰어넘어 항구적인 법칙이 될 수 있는 것에 대해서 탐구하는 관성이 있으며 그것이 한계로 작용하기 마련이다. 전통이론은 새로운 시대적 조건과 상황을 고려하지 못하는 경우가 많다고 할 수 있다. 이렇게 되면 스스로를 비판하는 것이 불가능해지며 개선하고자 하는 역사적 시도와 실천이 불가능해진다. 그는 실천을 통해 세상을 변화시키고자 했던 마르크스의 영향을 받았다. 자연스럽게 그는 자유의 실천이 이성이 실현되는 것으로 간주했으며 욕구충족에 기여하는 사회가 정의로운 사회라고 보았다. 호르크하이머는 현대사회의 자율성이 대중들에게 부르주아 도덕을 내면화시키는 시스템이라고 보았다. 그는 개인들 사이의 이기주의에 대한 투쟁을 강화시키고 공동선을 추구하도록 훈육시킴으로써 동일성에 포획되도록 강제하는 사회분위기에 대해서 비판했다. 호르크하이머는 능력대로 일하고 성과에 의해 분배받는 사회를 정의로운 사회로 보았고 이것은 그 당시 세계가 자본사회와 사회주의로 나뉘어 심각하게 이념논쟁을 불러일으키고 있었던 시절, 상당부분 사회주의 시스템을 더욱 신봉하는 좌파적 태도로부터 나온 것이었다.

0905 아도르노의 부정 변증법

코기토로 대표되는 근대이성의 출발은 주체와 객체를 이원화하여 객관적으로 바라보고 분석하는 이원적인 대상화의 사고였다. 그것은 주체에게 권위를 부여하고 객체를 대상화시키면서 동시에 이성을 도구화시키는 것이며 그것은 양자택일을 강요하는 사고이다. 그것의 폐해에 대해서는 여러 차례 논의한 바 있다. 양자택일은 타율적인 이성의 도구화의 일부이다. 아도르노는 주체중심으로 객체를 일방적으로 사유하는 것이 아니라 객체를 중시하면서 불일치의 틈 속에서 거주하는 것을 중시했다. 쉽게 이야기해보자. 주체가 일방적으로 객체를 사유하고 판단하고자 하는 문제로부터 많은 이성의 폐해가 양산되었음은 1권부터 계속해서 언급해왔던 것이다. '나라는 주체가 사물이나 너라는 객체를 함부로 판단하지 말고 나와 너가 혹은 객체가 동등한 주체이다' 라는 생각과 함께 각자의 입장이 다르다는 생각으로부터 사유를 시작하면 세계관이 달라질 수 있다는 것이다. 어떤 사람을 함부로 나의 잣대로 판단하지 말고 그 사람의 처지에서 생각하면 그 사람이 다시 보일 것이라는 것이다. 그래서 그는 비동일성에 의해 사유가 촉진됨에 대해서 역설했다.

아도르노에 따르면 전체주의는 이쪽과 저쪽 중에서 하나를 끝없이 선택하도록 강요하는 지배체계이다. 자본주의적 전체주의는 무엇보다도 사물을 쓸모 있는 것과 쓸모없는 것으로 분리한다. 자본주의 사회에서 사물의 유용성은 그것이 시장에서 차지하는 위치, 즉 자본으로 확산될 수 있는 교환가치에 의해 결정된다.[3] 자

3) 문성훈 외, 프랑크푸르트학파의 테제들, p45

본주의 사회 속에서 사물은 사유의 대상이 아니라 선택되고 있는 것으로 볼 수 있다. 아도르노는 전체주의 사회나 문화에 저항하기 위해 선택을 미루고 사유할 것을 주장한다. 그것은 2권에서 살펴보았던 이른바 현상학의 '판단중지'와 '현상학적 환원'과 유사하다. 이러한 관점에서 진정하게 사유될 수 있는 것은 전체주의적 시점으로 사물을 중성화시켜 일률적으로 사고하는 것이 아니라 외적변수가 충만한 변화무쌍한 세계에서 '다름과 차이'를 수용하고 그것을 있는 그대로 표현하는 것이다. 그것은 중성적으로 주체와 객체를 아무 관계가 없는 무중력 상태에서 대상화 시키는 동일성의 폐해의 전철을 밟는 것이 아니라 각 개체의 주체성을 인정하고 구조 안에서 화합하고 안정화시키도록 만드는 것이라고 할 수 있다. 들뢰즈 및 후기구조주의자들의 사유개념이 바로 이러한 차이를 중시하며 동일성으로 인해 배제되거나 무시되거나 소외되었던 것들을 존중하고 그러한 차이를 복권하고자 하는 사유라는 것을 생각하면 아도르노의 사유는 시대를 앞선 것이었고 양차세계대전 이후 현대 서구사유의 관심사가 일관되게 이러한 문제를 보완하거나 해결하기 위한 과정이었음을 알 수 있게 된다.

아도르노의 사유는 미국에서 주목받지 못했다. 미국의 사고 자체가 현실 세계에 기반을 둔 실용주의적 사회분위기가 주도하고 있었고 모든 가치는 자본의 가치와 시스템에 집중되고 있었기 때문이다. 아도르노는 인간성이 시스템 하에서 신음하는 사회현실에 주목하고 비판했다. 그는 나치의 박해를 피해 미국에 망명하여 생활하는 동안 과학, 실증주의 실용주의가 최우선시 되는 미국의 사회상을 경험했고 유럽의 학문적 분위기를 비학문적인 것으로 생각되는 것에 절망했다. 미국에서는 시장의 교환가치가 최우선되었기 때문에 모든 연구들이 실용적인 관점에서 입증하거나 수량화할 수 없는 것은 신비화된 것으로 경시되는 학문적 풍토가 지배하고 있었고, 아도르노는 이를 신랄하게 비판했다. 사회과학 부문에서도 미국은 통계와 실증적

16

16. 아도르노의 초상

방법을 지속적으로 요구하는 풍토였던 것이다. 그렇지만 아도르노는 실증주의를 무조건 비판하기만 하는 것이 아니라 변증법의 접목을 시도했다. 그는 변증법을 사물, 사건, 사태와 같은 객체의 변화와 형성과정을 서술할 수 있는 방법론으로 본 것이다. 아도르노는 그 자체의 논리와 관계에 머무르지 않고 새로운 관계, 바깥으로 나아갈 수 있는 관계와 방식의 변증법을 고심했다. 그는 부정적 현실을 부정할 수 있는 철학을 부정변증법으로 생각했다. 객체의 사유가 둘이 아니라 서로 상호 매개되고 서로를 제약함으로써 객체의 비동일성은 주체의 동일성으로 포섭, 동화되는 것을 배제하는 철학이 되며 그것은 결국 비동일화를 배제하는 현실을 긍정하고 만다.

–부정변증법

부정의 부정을 긍정성과 같다고 하는 것은 동일성의 정수이며, 그 순수 형식으로 환원된 형식적 원칙이다. 아도르노가 생각하기에 부정된 것은 사라질 때까지 부정적이다. 이것이 결정적으로 헤겔과 구분되는 점이다.

아도르노는 오디세이에 나오는 세이렌의 이야기를 인용하여 자신의 부정변증법의 주요한 해설 모티브로 사용한다.

유혹의 노래를 통해 배를 난파시키는 세이렌을 극복하기 위해 오디세우스는 노를 젓는 부하들의 귀를 밀랍으로 막고 자신은 배의 돛대에 몸을 묶도록 시켜 그곳을 성공적으로 통과한다. 밀납으로 귀를 막고 돛대에 자신의 몸을 묶는 행위는 계몽된(발전된) 기술과 행위를 상징하는 것이다. 노예는 아름다운 노래를 듣지 못하

17

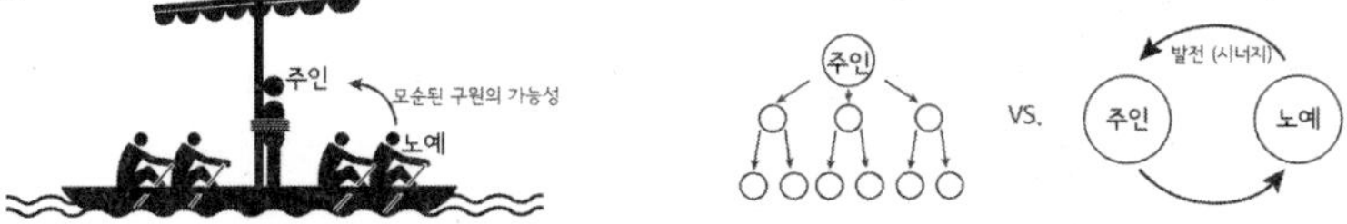

17. 아도르노의 세이렌의 비유와 객체(노예) 중심의 사유의 가능성

고 기계와 같이 노를 젓고 있고, 주인인 주체는 아름다운 천상의 노래를 들을 수 있으나 스스로 돛대에 몸을 묶어 욕망대로 행하고 싶지만 아무것도 할 수 없는 고통을 스스로 감내하는 상황이다. 이 상황은 주체와 객체 모두가 정신적, 육체적 고통을 감내하며 앞으로 나아가는 고통스러운 시스템을 상징하고 그것은 자본주의 사회의 노사관계로 생각할 수도 있다.

원시시대에 토테미즘과 애니미즘 등의 주술을 통해 제사장의 역할을 강조하는 것은 자연에 대한 원시인들의 경외감에서 사람들을 계몽하면서 인류가 자연을 지배하는 시스템을 만들었던 것이다. 신화의 개념 역시 신을 인간화시켜 이야기를 만들어서 신의 개념 역시 인간화시키는 것이고 인간화 된 신이 자연을 지배한다는 점에서 인간화된 계몽의 개념이 적용된 것이라고 할 수 있다. 그러한 개념은 미성숙한 원시의 상태에서 벗어나 계몽되는 것이기는 하나 자연(객체)은 극복하나 내적으로는 인간(주체)의 육체와 욕구, 감정 등을 철저하게 이성적으로 복종하고 억압하는 시스템이다. 생각해보라. 신화에서의 신들은 신화의 이야기가 지속되는 동안 끊임없이 등장하여 그 이야기에서 기계와 같이 똑같은 행위들을 반복할 수 밖에 없는 존재로 전락한 것이다. 마찬가지로 계몽되고 진보된 주체 역시 기계화된 시스템 속에서 스스로를 속박하고 욕망과 욕구를 제어하면서 끊임없는 활동과 노동을 강요받고 있는 것, 동일성에 포획되어 있는 삶을 사는 것이 현대인의 숙명이 된 것이다.

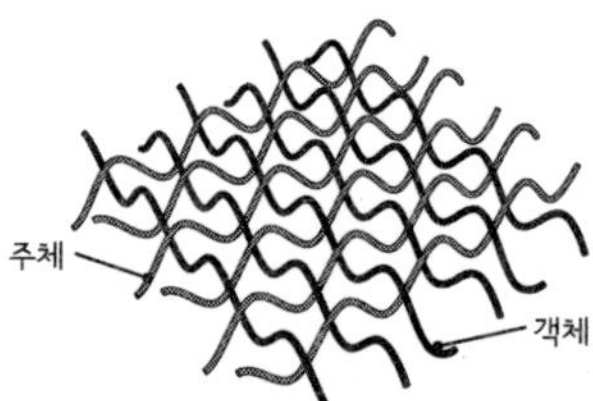

18 짜임관계중시

아도르노는 동일화하여 포획하고자 하는 근대 이성의 문제점을 폭로하면서 주체와 객체의 짜임관계를 중시한다. 일방적인 주체의 판단과 생각이 만들어내는 동일성의 폐해로는 비동일성이 드러날 수 없고 짜임관계로 객체를 우위에 두는 사유방식이 전제될 때 비로소 비동일성이 짜임관계 속에서 온전하게 드러

18. 주체와 객체사이의 짜임관계 중시 사유

날 수 있다고 생각하는 것이다.

지배자와 피지배자가 함께 타고 있지만 그들에게는 서로 모순된 구원의 가능성이 있음을 주장한다. 그는 피지배자적인 관점에서 운명공동체로 엮여 있는 짜임관계에 주목한 것이다. 구도 속에 있는 대상을 인식하는 것은 대상 속에 축적된 과정의 인식이다. 프레드릭 제임슨은 욕망과 억압의 언어가 가느다란 고음으로 새어나오듯, '비동일성' 의 특징을 통해 동일성의 본질에 접근하는 이러한 계기는 우리에게 익숙한 많은 후기구조주의의 주제들과 아도르노 사상 사이에 존재하는 친화성을 드러내준다고 언급하고 있다.[4]

정언명령은 윤리를 지켜야한다는(윤리학적) 엄격하고 억압적인 측면이 존재한다. 따라서 칸트의 정언명령은 이상적인 유토피아적인 속성이 있다. 그것은 추상적인 도덕법칙으로 인해 행복과는 전혀 관계를 가지고 싶어 하지 않는 측면이다. 이와는 달리 아도르노의 사유는 추상적인 엄격함의 이상을 추구하는 대신 부조리와 불합리함의 조건을 인정하고 객체 위주의 시각에서 주체를 바라보고 서로의 관계와 짜임의 과정을 중시하는 것이다. 대상이 처해 있는 짜임 관계 속에서 대상을 인식한다는 것은 대상이 자체 내에 저장하고 있는 과정에 대해 인식하는 것이다.
달리 말해 아도르노는 변증법을 매듭을 반(反)합리적 수단을 통해 절망적으로 풀

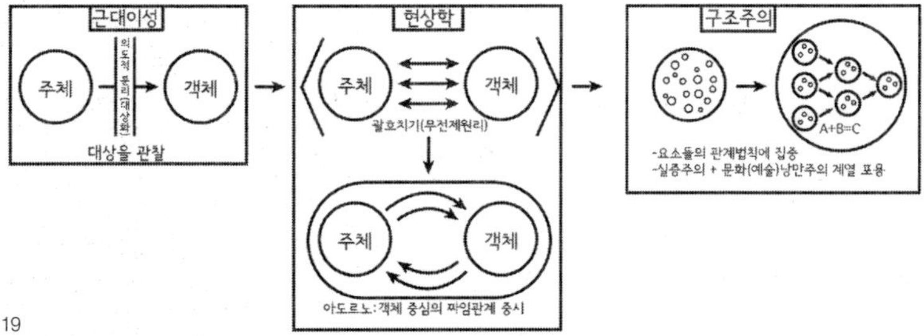

19

19. 근대이성의 폐해를 극복하기 위한 대안적 사유의 흐름

4) 프레드릭 제임슨, 후기 마르크스주의, 김유동 역, 한길사, 1990, p85

어보려고 시도하는 대신 이러한 불가능성 자체를 출발점으로 삼는다. 그래서 아도르노는 '철학은 개념을 통해 개념을 넘어서려고 노력해야 한다' 고 역설함으로써 부정변증법을 강조한다. 개념들의 내실은 개념들에 내재적이다. 즉 정신적이다. 또한 그것은 동시에 존재적이다. 즉 개념들에 대해 초월적이다. 부정 변증법은 개념성의 이러한 방향을 돌려 비동일적인 것을 향하게 만들고 있다. 사회생활을 하면서 함께 생활하기 어려운 대상이 있는 법이다. 그 대상과 조화롭게 어울려 생활하기 위해서는 내 입장과 사고방식에서 일방적으로 함부로 판단하여 행동한다면 문제는 더욱 꼬이고 힘들어지게 된다. 그 사람의 입장과 처지에서 생각하고 판단할 때 관계는 회복되고 협력관계가 증진될 수 있을 것이다. 있는 그대로의 차이를 인정하고 상대방의 입장과 시각에서 세상을 바라보고 가능성을 찾는 것에서 새로운 시작이 가능함을 역설하는 것이다. 사유와 현실과 미적인 것이 모두 그러하다.

동일하게 되고자 하는 힘은 결국 차이가 나는 것들과의 조화를 이루는 방향으로 나아간다. 부정의 부정이 긍정이 되지 않는다는 점을 실증주의자들은 비판하게 마련이다. 정반합의 모순이 있음을 비판하지만 인간과 관련된 부분은 심리 및 무의식적인 여러 복합적 요소들이 작용하여 다른 결과를 낳게 될 수 있음을 그는 강조하는 것이다. 아도르노는 "계몽은 눈앞에서 사실로 증명할 수 있는 것, 교환가치에 따라 수량화된 계산을 할 수 있는 것만을 절대시 한다." 라고 이야기 한다. 신화가 죽은 것을 산 것과 동일시한다면 계몽은 산 것을 죽은 것과 동일시하는 것이다. 생각하는 나는 살아있는 것, 객체를 죽어 있는 것으로 내가 일방적으로 판단하는 대상을 만들어버리는 근대 이성의 폐해를 넘어서서 반대로 생각해보자는 것이 부정변증법인 것이다.

헤겔의 유명한 개념인 '노예와 주인의 관계' 와 같이 주인은 노예가 있음으로 인해 존재할 수 있다는 역설이 존재한다. 노예가 일반적으로 주인에 예속되어 학대

받거나 불평등한 지위에 따른 노동을 강요받는 존재라고 생각하기 쉽지만 다른 한편으로는 노예가 있음으로 인해 주인이 있는 것이고 주인과 노예와의 관계가 원만하고 서로 윈-윈할 수 있을 때 시너지 효과를 이루며 상호 발전해 나갈 수 있음이 역설적으로 성립할 수 있다. 고용주가 직원에게 군림하며 함부로 대하는 기업은 오래 지속될 수 없다. 이를 증명하듯이 동시대 기업들의 경영주와 노사 간의 관계 역시 이러한 역설적, 변증법적 통합 과정의 특성을 보이고 있다. 노예와 주인의 상호 매개적이고 보완적인 관계를 생각하는 헤겔의 사유와 같이 관계청산은 위계와 억압의 해방을 추구하며 그것은 지배관계가 청산되고 새로운 관계로 재설정되는 사회적 변화를 추구했다. '개념' 을 통해 개념을 넘어선다는 문장과 같이 일견 보이는 자명한 관계는 이면의 복합적인 관계에 의해서 시너지를 이루었을 때 유의미할 것이다.

아도르노는 예술에 있어서도 많은 주장과 목소리를 냈다. 그는 예술은 사회적이어야 하면서 동시에 자율적이어야 한다고 보았다. 달리 말해 소통단절을 통해 소통해야 한다는 역설적 통합을 강조한 것이다. 아도르노는 그것을 창문이 없는 단자로 비유했다. 창문이 없다는 것은 소통하지 않지만 끊임없이 새롭게 생성되며 태어나는 것을 의미하며 이것은 일정부분 7, 8권에서 논의했던 라이프니츠의 모나드를 생각나게 하고 잠재성의 운동에 집중하는 생성의 철학의 메커니즘을 생각나게 한다.[5] 예정조화설에 의해 정해져 있는 것이 펼쳐진다는 라이프니츠의 생각은 보수적 당파성의 암시하는 것이고 상당부분 아도르노의 사유는 보수적인 특성으로 극좌파에게 비판받았다. 아도르노의 미메시스는 이질적 타자를 동일성의 체계에 동화시키는 것이 아니라 체계바깥의 비동일자와 같아지는 것이기 때문이다. 루카치의 미메시스는 죽은 사물의 세계로 전락한 현상을 반영하는 과정에서 감추어진 본질로서 화해된 상태를 표현해야 하는 것을 의미한다. 예술은 현실의 미메시스인 동시에 새 판을 짜는 것이기도 하다. 세이렌의 유혹을 이기기 위해 자신의 몸을 돛에 묶었던 오디세우스와 같이 계몽의 변증법은 자연의 지배와 타자

5) 들뢰즈의 담론은 스피노자로부터 영향을 받아 차이가 새로운 생성을 만들어나가는 힘에 집중하고 있다. 반면 라이프니츠는 세계가 예정되어 있고 그것이 펼쳐지고 있다는 예정조화설을 주장한다. 근본적인 관점의 차이가 있지만 변화에 있어서는 마찬가지이다. 아도르노는 근대의 변증법에 의한 목적론적인 발전관이 이처럼 라이프니츠의 모나드가 펼쳐지는 것으로 본 것이다.

의 지배가 이미 자기 자신의 지배를 전제하고 있는 것으로 볼 수 있다. 주체 중심으로 모든 것을 판단하고 창조하고자 하는 세계관에서 객체와의 관계가 있음을 먼저 가정하고 관계 속에서 서로를 의식한 가운데 사유하고 만들어내는 것은 다른 가능성을 만들어낼 수 있다고 생각하는 것이다.

1세대 사유의 의미와 한계

계몽의 개념 자체는 전통사회와는 분리되며 민주주의에 의한 박애정신이 극대화되는 것이었다. 계몽을 통해 인류는 경제적 억압으로부터 해결되고 해방되고 계몽화 된 자유로운 사회를 꿈꾸었고 문명진보에 대해 낙관했다. 르네상스 시기로부터 인류는 계승 반복된 전통적인 문화가 과학, 수학에 의해 새롭게 해석되며, 인간의 지식이 완전히 개화되었다. 인류는 이전의 관습의 구태와 무지로부터 해방되어 완전히 자연세계의 법칙을 이해하고 군주제를 무너뜨리면서 민주적 주체가 되었다. 인류는 새로운 민주적 정부체계를 수립하면서 근대적 기구, 복지적 기구와 시스템을 정비했다. 인류의 역사와 과학문명이 비약적으로 발전하면서 인간이 완전히 해방되는 자유롭고 평등한 계몽된 문명이 올 것이라고 보았다. 그러나 20세기 들어 결과적으로 제국주의와 1, 2차 세계대전과 같은 전혀 다른 세계가 찾아오게 된 것에 대한 자각과 비판을 프랑크푸르트학파 1세대들은 폭로하고 비판하고 있는 것이다.

프랑크푸르트학파 1세대는 당시의 사회를 비판적 시각으로 환기시키는 것에는 성공했으나 지속적으로 효과적인 이슈가 되고 실질적인 변화를 이끌어내는 실천에 있어서는 한계를 보였다. 그들의 목적의식과 연구대상은 자유에 대한 사회활동으로만 한정되었으며 자아혁신과 같은 인간본연의 본질은 소외시켰다는 비판을 받고 있는 것이다. 이제 프랑크푸르트학파의 새로운 세대는 이러한 비판에 직면하여 동일한 문제의식으로부터 새로운 대안에 대한 가능성을 모색해야 했다. 그것은 2권에서 언급했던 실존주의 경향의 문제점과도 비슷한 면이 존재한다. 실

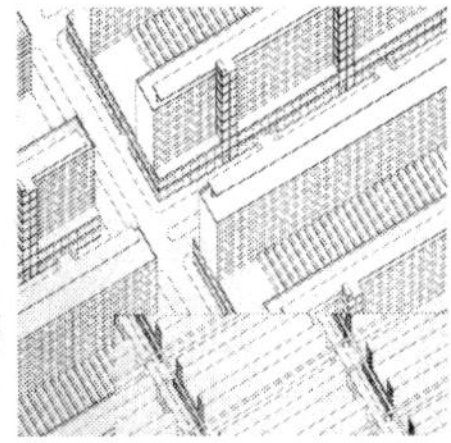
20, 21

존주의는 비판이론과 마찬가지로 이성의 폐해와 부조리에 대한 사유와 함께 실천적으로 그러한 문제점을 사회주의적 시각에서 연대와 변화를 모색했던 운동이자 사유였다. 그러나 큰 틀에서의 목적의식은 동의하지만 이후의 방법론과 허약한 연대의식에 있어서는 문제점이 드러났다. 물론 실천적인 측면에서 문제점이 많다고 하더라도 프랑크푸르트학파 1세대의 연구는 오늘날의 시각으로 판단한 것이다. 당시의 파장과 선구적 역할을 생각했을 때 그들의 연구와 사회적 행위들은 역시 계몽시대 이전의 문제점을 폭로하고 비판하는 점에 있어서는 유사하고 전 세계인의 공감을 얻을 수 있었다. 1세대의 사유는 2, 3세대가 같은 주제의식으로 실질적인 변화를 이끌어나가기 위한 동력과 목적의식을 주었다는 점에서 그것만으로도 지대한 의미가 있다고 할 수 있다.

건축분야에 있어서 20세기를 전후하여 나타났던 도시계획 사례들과 모더니즘 건축은 세계대전 이후 베이비부머들을 위한 빠른 재건, 쾌적한 주거환경들을 위한 정신적, 사회적, 실질적 모럴이 되었다. 그러나 건축분야는 이상적인 관념의 영역이 있는가 하면 또한 양과 숫자에 지배되는 환경적인 요인도 무시할 수 없는 분야이다. 많은 도시건축들이 우리의 신도시 풍경과 같이 무미건조한 백색의 모더니즘 건축물로 채워질 때 대중들은 오히려 옛 건축 환경에서 느꼈던 향수와 따스함을 다시금 동경하기 시작했다. 오히려 모더니즘 건축경향은 초기의 전위적인 특성을 잃어버리고 세계 어느 곳에 갖다 심어도 문제가 없는 그렇지만 폐해를 양산하는 이중적인 특성을 보이기 시작했다. 대중은 도시건축분야의 폐해를 인식하

20. 힐베르자이머 도시계획 이미지
21. 힐베르자이머의 획일적 주동배치

고 새로운 현대건축의 경향이 나타나기를 원했던 것이다. 그러한 흐름이 포스트모던 건축 사조로 이어진 것은 어쩌면 자연스러운 흐름이라고 할 수 있을 것이다.

건축부문에 있어서 프랑크푸르트학파의 사유는 헤겔 이후의 진보에 대한 믿음, 부조리한 것에 대한 폭로를 하고 변증법적인 메커니즘 신봉의 측면에서 기술에 대한 신념, 발전에 대한 신념, 모더니즘에 대한 자세를 수용한 점에 있어서 근대의 4대거장의 행보와 연결된다. 또한 독일 건축경향으로는 미스 반 데어 로에, 바우하우스, 독일공작연맹 등 기술에 대한 신념, 표준화(법치중시), 대량생산(평준화 중시), 전체적인 질의 향상을 통해 대중의 미적의식의 향상을 꾀하는 건축적 흐름과 밀접한 관련을 맺고 있다. 순수 사유의 세계와 현실(실천)의 간극을 좁히고 연결하고 더 나아가 방향성을 가지고 발전해나가고자 하는 독일인의 사유는 오늘날 프랑크푸르트학파의 사유에 면면히 이어져 흘러내려오고 있다. 근대독일의 발전과 함께 어느 정도 상향평준화된 대중의 삶을 위한 정신세계와 물질세계라는 모순적인 세계의 조건을 동시에 결합하여 변증법적으로 발전시켜나가는 그들의 세계관은 세계사의 굵직굵직한 사건들과 발전을 만들어나가고 있으며 그에 따른 해결방안과 사유방향성을 제시하고 있는 것이다.

1세대와 협력했던 철학자들의 사유

0906 마르쿠제의 사유

22

마르쿠제는 1898년 베를린 중상류 유대인 집안의 출신이며 실천적인 정치활동을 추진했던 독일 사회민주당에 가입하여 활동했다. 그는 1차 세계대전을 겪으면서 급진적 사상을 가지게 되었고 마르크스와 엥겔스의 저작을 읽으며 혁명 사상에 심취했다. 이를 계기로 그는 정당 활동을 시작했다. 1919년 사회주의 혁명 실패로 연구 활동에 몰두하게 되었는데 그는 제 2인터내셔널[6)]을 중심으로 한 사회주의 정당들의 기회주의적인 태도에 실망하고 그들의 기계론적이고 수정주의적인 마르크스주의에 대해 거부감을 가지게 되었음을 언급했다. 그는 1960년대 후반의 세계적 규모의 학생운동의 이론적, 정신적 지도자가 되었다. 그는 당시 공고하게 구축되고 있던 산업사회의 통제된 분위기를 타파하고 새로운 사회분위기를 만들고자 했던 극좌파의 대표적인 인물이었다. 일반적으로 마르쿠제와 에리히 프롬 및 1세대 프랑크푸르트학파와 협력했다가 독일 이외에 남게 된 인사들을 1.5세대로 분류하기도 한다. 마르쿠제의 가장 큰 학문적 특성은 사회를 변혁하고자 했던 마르크스의 이론을 현상학적으로 보완했다는 점을 들 수 있다. 또 인간의 심리적 요소를 중시한 프로이트의 이론을 접목하여 사회심리학 분야를 개척한 것이 중요한 업적이다.

1960년대 말의 시기는 2차 세계대전이 끝나고 난 이후 서구 국가에서는 앞선 기술과 생산시스템을 바탕으로 눈부시게 경제성장이 일어났으며 인구도 엄청나게 증가하며 경제부흥을 즐기던 시기이다. 역사상 처음으로 '중산층' 이라고 불리는

22. 마르쿠제의 초상

6) 제2인터내셔널의 정식 명칭은 「국제 사회주의자 회의」이다. 엥겔스의 제창으로 *제1인터내셔널 해산 후 13년 만에 프랑스 혁명 100주년을 기념하여 1889년 파리에서 결성되었다. 하지만 우익 기회주의 경향이 강해졌으며, 제1차 세계대전의 발발(1914)로 독일의 제국주의 전쟁에 협력하며 사실상 붕괴하였다. 제1인터내셔널의 정식 명칭은 「국제노동자협회」이다. 1864년 런던에서 창설되었고 노동운동, 사회주의 운동의 발전기에 유럽과 북아메리카에 걸친 노동자 계급의 최초의 국제적 대중 조직으로서 중심인물은 '마르크스' 이다. 파리코뮨(1871) 실패 후 1876년 내부의 이념적 대립으로 해산되었다.

일반시민들의 부의 축적이 상당정도 이루어지게 되었고 그들의 의식도 성장하게 되었다. 이에 따라 시민들의 문화와 여가를 즐기려고 하는 욕구와 자유를 갈망하는 분위기가 팽배해졌다. 6권의 통제담론에서 살펴본 바와 같이 생산성에만 초점이 맞추어져 있던 공고한 통제체계는 자체의 한계와 문제점이 있었다. 모던의 구조화가 공고하게 진행되면서 생산성이 눈부시게 발달했지만 그만큼 시스템 하에 놓여있던 사람들은 그 공고한 구조 아래 정신적인 만족 측면에서 최악의 시기를 경험했던 것이다. 이러한 문화적 경제적, 사회적 요인이 커다란 사건과 문제가 없는 가운데에서도 학생과 시민운동을 전 세계적으로 광범위하게 일으키게 했던 이유가 되었다. 그들의 시위에는 명확한 불만과 뚜렷한 타파대상이 부재했다. 단지 사회의 억압적이고 교조적이고 무거운 분위기를 개선하고자 하는 실로 다양한 요구들만이 있었을 뿐이다. 이러한 시위의 정신계에는 마르쿠제가 있었다.

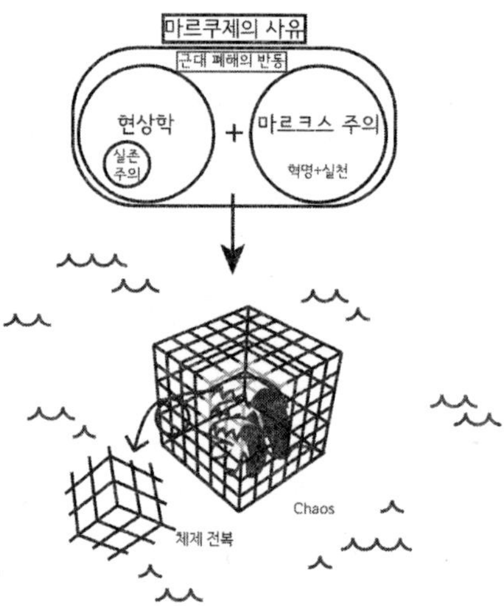

23

그는 현상학, 실존주의에 심취했으며 프랑크푸르트에서 하이데거에게 교육을 받았다. 저서 『역사적 유물론의 현상학에 대하여』에서 그는 기계론적 마르크스주의를 비판하고 현상학과 실존주의적 관점에서 기계적 유물론을 재해석했다. 이후 그는 유물론의 단점을 비판하고 극복하고자 했다.[7] 그는 현상학을 통해 역사성을 해석하고 현실을 근본적으로 변화시키는 행위의 가능성을 모색했다. 결국 그것은 혁명으로 가능한데, 혁명을 통해서 인간은 자신의 잠재적 본성을 실현할 수 있으며 진정한 혁명

23. 마르쿠제의 사유의 영향과 전복적 특성

7) 현상학: 상을 사변적(순수한 사고) 구성이 아닌 경험과 직관에 의해 파악하려는 학문
하이데거의 실존철학(현상학적 존재론)은 인간존재 자체의 현상학적 해석(후설의 현상학 - 선험적 환원)하는 것이며 존재('있음' 이라는 추상적 관념)와 존재자(현실 속에 존재하는 모든 물질)인간은 존재를 이해하는 능력을 가진 현존재로 보는데 현존재는 그의 존재를 이해하면서, 존재와 스스로 관계하는 존재자이다. 즉, 실존(현존재의 존재 방식)이다. 마르크스주의는 '역사성' 을 가리키는 인식의 영역을 의미, 역사성은 '현존재' 의 기본성

은 인간 소외를 극복하여 '유적 존재' 로서의 인간의 본질을 회복하는 것에 있다고 그는 생각했다. 유적존재란 개별적 존재방식이 아니라 자연적, 사회적 존재로서 인간의 총체적인 존재방식으로 육체를 가진 자연적 인간이 노동을 통해 대상안에 실현하고 확인할 수 있는 동물과는 다른 인간만의 존재방식이라고 할 수 있다.[8)]

하이데거의 현상학적 역사성에서 현존재는 그 자신의 이해들을 다시 이해함을 통해 자신을 해석한다. 현존재의 확장된 자기이해, 곧 자신의 가능성을 통해 현존재가 됨이 현존재의 역사성이다. 인간은 역사성 파악을 통해 자유롭게 되며 비로소 마르크스의 혁명적 실천이 가능하며 진정한 역사성 인식은 과거 및 기존의 것을 거부하고, 물성화를 제거해야 가능하다고 생각한다.[9)]

진정한 역사성의 인식은 과거, 기존의 것을 거부하고 물성화를 제거해야만 가능하다. 수동적이고 무비판적 관계에서 인간의 자아의식을 해방하는 수단이 사적 유물론이다. 헤겔철학은 정반합과 통합을 통한 과정적, 발전적 철학이며 실증주의는 눈에 보이는 것을 한정적으로 연구하는 특성을 보이므로 보수적이고 긍정적인 철학이다. 눈에 보이는 사실을 중시하는 실증주의는 사실과 가치를 절대적으로 숭배하고 그 사실을 넘어서는 것이 있으면 그것을 비판하거나 부정하는 특성이 있다. 그들은 이성의 부정적 측면이 극대화된 사례로 연구한 파시즘에 대해서는 헤겔철학을 악용하여 사용했다고 전제하고 소수의 권력의 집중을 위해 사회적 통제를 자행하여 시민들의 권리와 자유를 박탈했다.

대표적인 저서 『일차원적 인간』과 『에로스와 문명』에서 그는 고도로 발달한 산업사회에서 노동은 생산성 유지를 위한 노예화 수단이며 그것으로 인해 억압받은 쾌락본능은 무의식에 남아 현실에 악영향을 끼치게 된다고 주장했다. 이러한 과잉억압 시스템이 폐기되면 현실원칙과 쾌락원칙이 통합이 가능하며 이런 역할을 담당

8) 안상헌, 초기 마르크스의 실천적 유물론 형성과정, 서울대 철학과, 1990, p153

9) 물성화는 인간에 의해서 만들어진 사물이 마치 어떤 가치 있는 존재로 여겨지고 오히려 물신화되어 인간을 지배하는 역설적인 상황을 만들거나 노예화시키는 것을 비판하며 진정한 실존은 구체적인 변혁행동(혁명) 즉, 실천을 통해 실현될 수 있다고 생각했다. 마르쿠제는 마르크스주의에 대한 확신을 통해 하이데거와 결별에 들어간다.

하는 것이 바로 문명의 본능적 원천인 에로스적 충동이다.[10]라고 언급한다. 다시 말해, 그의 사유는 에로스(삶의 본능)= 리비도(성적 본능)+자아(자기보존 본능)라는 공식이 성립된다고 본 것이다. 명백하게 그의 사유는 프로이트의 리비도(성적 본능)와 밀접한 관련을 맺고 있다.[11] 억압된 현대사회와 변질된 노동의 의미를 회복시켜 억압 없이 발전하는 긍정적인 사회로 나아가기 위한 사유를 주장했기에 그의 사유는 급진적인 좌파와 시민운동, 학생운동의 행동의 정신적 기둥이 되었다.

한편, 『일차원적 인간』에서 그는 휴머니즘적 마르크스주의를 기반으로 진정한 인간 해방과 자유를 추구하는 정치적 급진주의를 주장했다. 포스트포디즘으로 상징되는 산업사회에서는 인간은 인격으로 대하는 개인이 아니라 거대한 시스템속의 하나의 부속품에 불과하며 최대의 생산성을 위한 필요한 요소일 뿐이다. 마르쿠제는 도구적 이성과 소외현상이 산업사회의 근본적인 문제이며 또 한 가지는 노동자들이 소외되는 현실 속에 적당하게 현실에 순응하고 소비에 익숙하게 변하여 가는 일차원적 인간, 일차원적 사회로 점점 변화되고 있는 것에 주목하고 변화를 촉구했다.

마르쿠제는 휴머니즘적 관점에서 마르크스주의(휴머니즘적 마르크스주의)를 새롭게 해석한다. 그가 생각하기에 공산주의는 단순히 경제적, 정치적 관계의 변화만을 가리키는 것이 아니라 인간이 자신의 본성을 실현하기 위해 인간의 근본적인 존재 방식을 변화시키는 활동을 가능하게 하는 체제로 보았다. 혁명을 통해서 인간은 자신의 잠재적 본성을 실현할 수 있고, 진정한 혁명은 인간 소외를 극복하여 '유적 존재'[12]로서 인간의 본질을 회복하는 것으로 본 것이다. 마르쿠제는 헤겔의 변증법에서 '동일성' 측면보다 다른 것' 으로 되어가는 과정의 '부정성' 측면을 강조한다. 다시 말해 모순적인 현실을 끊임없이 부정하는 과정(부정의 철학)이다. 현실은 주체의 실천에 의해 변화되는 객체이기 때문에 주체와 객체는 변증법적인 상호작용의 관계로 본 것이다.

10) 인간은 근본적으로 의식과 함께 무의식의 욕망이 구조화되어 작동되는 구조 속에 있는 존재임을 중시하는 프로이트 이론을 적극적으로 수용한 마르쿠제는 현대사회 시스템이 인간의 쾌락본능을 근본적으로 억압하는 것을 회복하는 것이 중요하다고 생각했고 그것을 수정된 마르크스의 사회 변혁적 특성과 결합하여 사유를 전개했다.

11) 섹스는 나눈다는 의미를 가지고 있다. 섹스를 통해 남, 녀는 극도의 희열을 경험하며 엑스타시의 순간에 자신을 잊고 둘이 일체가 되는 경험을 하게 된다.

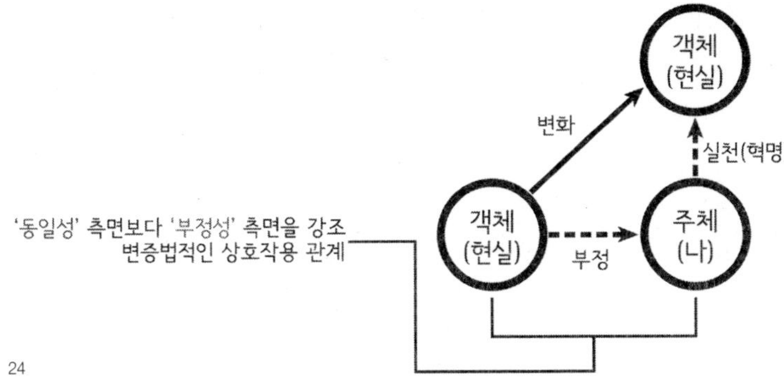

24

헤겔의 목적론적 변증법의 발전방향성을 믿는 프랑크푸르트학파는 헤겔의 관념론 해석을 중시했다. 헤겔은 현실에 대한 무비판적인 맹종을 비판하면서 현실을 합리적으로 조직할 것을 요구했는데 그는 진리, 정의, 선이라고 생각하는 것이 사회 속에서 구체적으로 현실화 되어야 한다고 생각했다. 따라서 그가 생각하기에 이성적인 것은 현실적인 것이 되어야 하며, 현실적인 것은 이성적인 것이 되어야 한다고 보았다. 헤겔의 '이성' 은 고대 서구철학과 18세기 계몽철학에 따라 사유의 객관적 개념과 원칙을 총괄해서 '이성' 이라고 불렀다. 헤겔 철학은 진보적인 부정의 철학이다. 그러나 실증주의는 보수적이고 긍정의 철학으로 볼 수 있다. 실증주의는 일반적으로 초월적이고 형이상학적인 관점을 거부하고 관찰이나 실험 등으로 검증 가능한 지식, 사실만을 인정하는 과학적 탐구의 인식론적 방법론이다. 실증주의는 사실과 가치를 절대적으로 숭배하고 그 사실을 넘어서는 비판, 부정을 거부한다. 그러나 1권부터 살펴본 바와 같이 눈으로 보이는 것(이성적인 것) 이외 혹은 의식의 이면에서 벌어지는 것은 얼마나 더 많이 영향을 끼치는가?

—일차원적 인간의 비판

60년대 말부터 70년대에 이르기까지 극좌파의 정신적 지주였던 마르쿠제는 네오

24. 부정성의 측면을 강조한 마르쿠제 사유

12) 유적 존재Gattungsweswen로서의 인간의 개념은 다음과 같다. 자연적 존재이면서 동시에 사회적 존재라는 보편적 개념의 인간은 노동과 노동생산물을 통해 확인할 수 있는 자연과 사회와 관련된 총체로서의 개념으로 마르크스의 저서인 경제학 철학 수고에서 나온 것이다.

25

마르크시즘-flagship(모함)이 되는 극좌 사유의 상징적 인물이었다. 하이에크[13]가 사상의 자유를 원하며 영국에 망명했던 것처럼 그 역시 미국에 망명했다. 2차 세계대전 기간 동안 전 세계의 지식인들이 사상의 자유를 찾아 대거 미국에 망명함으로써 결과적으로 미국은 과학기술뿐만 아니라 인문, 사상적 분야에 있어서도 자유시장 질서에 알맞은 사상적 시너지를 획득하며 강대국의 지위를 획득할 수 있었다. 마르쿠제는 1차 세계대전의 살육과, 제국주의, 과도한 이념대립, 나치즘이라는 괴물이 탄생했던 사실에 주목하면서 일차원적인 대중이 나타나게 된 사실, 계몽의 역설, 문제점에 대해서 비판했다. 그는 계몽이 스스로 계몽을 배반한 현상에 대해서 논했다. 그는 자본주의적 생산관계에서 광고에 의해서 세뇌된 멍한 소비자, 세뇌된 정치소비자(대중)가 출현한 사실을 보면서 경악하였고 이것을 극복하자고 역설했다. 그의 저서 『일차원적 인간』은 좌파적 시각의 학생들에게 지도서가 되었다.

68년 5월 프랑스 낭테르 대학 젊은 대학생들의 시위(슬로건)에서는 '남학생이 여학생 기숙사에 들어갈 수 있도록 허락하라!' 는 등의 사회적으로 심각하지 않은 것들에 대한 불만들이 우후죽순 터져 나오기 시작했다. 전 세계는 권위주의적이고 비인간적인 자본 시스템으로부터 조직적인 저항을 시작한 것이었다. 일차원적 사회-계몽의 변증법에서 설명한 것처럼 자각적 개혁을 위한 자유사회가 등장하는데 나치즘, 전체주의 사회가 등장하니까 인간에 대한 절망감을 느끼게 된다. 일차원적 인간밖에 없는 것인가에 대해 그는 비판했다. 그는 광고의 노예가 되어버린 임금노동자가 주인을 타도하지 않고 임금을 조금 더 올려주면 고분고분해져서 주말에 가족들과 외식하고 스포츠에 빠져 만족해버리고 비판적 의식을 포기하

25. 그림 힐베르자이머 도시이미지

13) 오스트리아 태생의 영국 경제학자. 화폐적 경기론과 중립적 화폐론을 전개하였고, 신자유주의의 입장에서 모든 계획경제에 반대하였다. 우파 경제학 이론에 있어서 중요한 인물로 마르쿠제와는 대척점에 있다고 할 수 있다.

는 피동적인 현실에 대한 자각을 촉구했다. 비판의식은 개인의 욕구와 욕망으로 전환되며 무뎌졌고, 개인의 욕구와 욕망만 채우는 짐승처럼 되며 배부른 돼지가 되었다는 것이다. 그는 자본가들의 구조와 시스템을 타도하는 주체적 인간이 중심이 되는 혁명이 필요하다고 역설하고 있다. 혁명은 일차원적 인간을 벗어나 깨어있는 인간으로서 할 수 있는 또 하나의 선택 가능성을 지니고 있다고 했지만, 선택 가능성에 대한 설명은 부재하다.

마르쿠제를 비판하는 사람들은 그의 사유가 마르크시즘의 실패와 자본시스템이 스스로 진화하고 성공하는 것에 대한 처절한 자괴감의 발로라고 생각한다. 달리 말해 그의 주장은 왜 정의와 진실은 현실에서 관철되지 않는 것인지, 왜 진실된 사회를 만들어내지 못하는가에 대한 처절한 절망감의 표현이라는 것이다. 그의 사유는 그가 추구했던 평생의 혁명의 좌절에 대한 무력감, 좌절에 대한 글이라고도 볼 수 있다는 것이다. 이상을 추구하는 것과는 대조적인 경험주의적 혹은 보수적 세계관에서 마르쿠제의 사유는 대책 없이 소동을 일으키고자 하는 사유라고 생각되고 있는 것이다.

0907 에리히 프롬의 사유

26

에리히 프롬은 유태인 독일계 미국인 사회심리학자, 정신분석학자, 인문주의 철학자로서 마르크스와 프로이트를 결합하여 '휴머니즘적 사회주의'를 주장했다. 그는 마르크스주의를 보완하기 위해 프로이트의 정신분석학, 서양의 고전 철학, 기독교나 불교의 신비주의와 같은 종교, 실존철학을 수용하는 정신적 실험을 진행했다. 그는 마르크스 사상과 실존철학, 신비주의 종교 사상을 결합시키고 마르크스 사상에 대한 비판을 수행했다.

저서『자유로부터 도피』에서 프롬은 파시즘의 심리학적 기원을 밝혀, 민주주의 사회가 나아갈 길을 주장했다. 그에 따르면 인간은 자신의 생물학적 성장이나 자아

26. 프롬의 초상

실현이 방해 될 때, 위기 상태에 빠지면서 공격성, 사디즘, 마조히즘 및 권위에 대한 복종 또는 자신의 자유를 부정하는 권위주의에 빠지게 된다는 점을 강조했다. 그는 미국에서 1930년 초부터 1960년대 중반까지 활동하였으며, 『사랑의 기술』 및 『소유나 존재냐』 등 많은 명저를 남겼다.

프롬은 그동안의 철학이 인간의 도덕적 자각의 중요성을 무시해왔다는 오류에 빠져 있다고 주장했다. 도덕적으로 변화되지 않는 사회는 진정한 의미의 발전을 이룬 것이 아니라는 의미이다. 모더니티가 급속도로 발전하는 시기에 공산주의, 파시즘, 전체주의의 부정적 측면이 창궐하면서 야만의 상태에 빠지게 된 것이 바로 인류의 발전의 측면만 생각하고 부정적인 측면은 예측하지 못했음을 비판하며 이에 반성해야 한다고 그는 주장하는 것이다. 프롬 역시 휴머니즘에 입각한 마르크시즘을 다시 생각했으며 도덕적인 측면을 강조하여 접목시켜 변화시키고자 했다. 프롬은 자율적인 이상적 주체로 변화시켜나아가 도덕적인 측면에서도 바람직한 사회를 역설했다.

마르쿠제와 프롬은 서로의 의견에 대해서 비판했는데 프롬은 마르쿠제의 반골적 성향과 비판세력에게 유아기적 반항으로 되돌아가는 편협한 이데올로기를 만들어내고 있고 파괴적 광신도가 됨을 비판했다. 프로이트의 영향을 받아 주로 성적 억압으로부터 해방을 역설한 마르쿠제는 프롬이 오히려 종교나 실존사상의 가치관을 수용하면서 오히려 보수화되어가고 있다고 비판했다.

프롬은 인간주의적 사회주의를 위한 구체적 방안으로 인간의 특성과 사회구조가 상호작용을 일으키면서 변혁에 의해 초래된다는 점에 착안했다.
프롬은 마르크스가 단순히 물질을 사회계급의 생산수단의 소유에만 포커스를 맞추고 있고 물질에 의해 인간의 행복이 증진될 수 있는 것에 지나치게 집착하고 있다고 비판한다. 다시 말해 소유권 변혁에 대한 사회주의의 목표는 소유에 대한 집착이며, 자본주의 사고방식과 다르지 않다는 것이다. 이를 극복하기 위해 그는 개개인의 소유에 대한 집착을 극복하고 개개인의 진정한 인간화를 주장했다. 구체적으로는 공동경영과 권한 분산 노동과정의 인간의 구체적 기능에 따라 초점을 맞추는 것이 필요하다고 생각했다. 프롬은 사회변화를 다음과 같이 세 가지 변화를 통해 제시했다.

첫째, 사회경제적 변화

그는 고도의 분권화를 통해 자유 시장경제를 극복할 수 있으며 생산과 광고의 통제가 필요하다고 생각했다. 그것은 무한경쟁의 생산을 지양하고 선택적으로 성장하면서 사용가치를 중시하는 성장을 지향하는 것을 중심으로 하고 있다. 이러한 가치를 중시하면 노동을 단순히 물질적 보상과 이익을 위한 것이 아니라 정신적 만족과 창의성 회복을 위한 노동조건이 형성될 수 있다고 보았다. 그렇게 되면 프롬은 도구적 인간화를 위한 과학이 아니라 인도주의적 과학이 될 수 있음을 강조했다. 노동자 전체가 생산을 위한 경영에 적극적으로 참여할 수 있도록 해야 할 것이다. 이것은 오늘날 사회적 기업의 가치나 부가가치가 높은 창의적인 IT기업 문화에서 발견할 수 있다.

둘째, 정치적 변화

모든 노동자들이 경영에 참여한다는 의미는 소집단의 토의와 결정을 통해 상향식의 의사결정이 상층부에 도달하며 민주적인 절차를 이루어나감을 의미하는 것이다. 전제조건은 개개인이 결정을 위해 정보는 투명하게 공유되어야 할 것이다. 그러나 여론이라는 것은 비판적 사유가 아니라 개인들의 욕망에 따른 일시적 의식의 견해일 수 있으므로 주의가 필요하다.

셋째, 문화적 변화

산업과 정치 분야가 변화한다는 이야기는 달리 말해 교육과 문화 부문이 유기적으로 함께 변화되며 상호 영향을 주고받을 때 효과적이다. 따라서 참여와 능동적인 행위를 통해서 공동예술과 참여적인 급진적인 비판을 수용할 수 있게 될 것이다.

공동체의 유대감은 모든 소유의 개념을 자진 포기하는 의지가 발생함으로써 형성될 수 있을 것이다. 그는 그렇게 되면 잉여의 저축과 이기심, 탐욕, 도구적 이성에 따른 착취 등이 발생하기 어려우며 생명의 존중과 사랑이 증진될 수 있을 것으로 생각했다. 그렇게 되면 우리는 연대감과 안정적인 사랑을 통해 세상과 관계에 있어서 의미를 부여하게 될 것이다. 이를 통해 그는 무언가의 목표를 위해 탐욕을 부리는 야심이 아니라 함께 공유하고 누리는 삶을 지향하게 되면서 만족감을 누리게 됨을 기본으로 하고 있다. 그렇게 된다면 1권 이성의 명암에서 사유했던 이성의 폐해들을 극복할 수 있는 방안이 마련될 수 있을 것이다. 그러나 오늘날의 고도화된 자본사회에서 인간의 근본적인 탐욕과 이기심을 효과적으로 통제하면서 자발적인 선을 발현시킬 수 있는 완벽한 방안은 과연 존재할 것인가? 그것이 곧 오늘날과 미래세계의 사회에 대한 근본적인 화두가 될 것이다.

1세대와 협력한 철학자들의 다변화된 현상에 대한 의미

마르쿠제 에리히 프롬으로 대표되는 1세대와 협력했던 철학자들의 사유는 프랑크푸르트학파 1세대의 한계로 지적되어 온 비판적인 시각 외의 실현과 대안으로서 나름 실천을 했다는 측면에서 발전된 측면이 있다. 학문적으로 1세대 철학자들의 비판적 시각을 보완했으며 미국에서 활동한 만큼 실용주의적인 시각이 가미되었다. 그들은 실천을 강조하며 변화를 추구하는 힘을 중시하고 심리학과 연계되면서 더욱 폭을 넓혀나갔다. 이성의 양면적 특성, 도구적 이성의 폐해성은 건축분야에 있어서도 다양한 양상으로 나타났다. 산업혁명 이후 발전했던 모더니즘 건축은 옛 도시 건축 환경에서 경험하지 못했던 쾌적하고 위생적이고 과학적인 주거환경을 빠른 시간에 경제적으로 획득할 수 있었지만 대규모로 우리의 환경에 빠른 속도로 삽입되었을 때 나타나는 각종 폐해적 요소들은 다른 방향성을 요구

27 28
29

하기에 이르렀다. 1, 2차 세계대전 이후, 구미 각국은 빠르게 경제가 성장하고 중산층의 인구는 늘어났으며 안정적으로 부를 향유하는 사람들이 기하급수적으로 늘어갔다. 그러나 그런 만큼 무언가 권위적이고 통제적인 사회분위기와 건축적 양상들에 대해 대중들은 심리적 억압을 변화시켜 나가고자 하는 욕망이 커져갔다. 1960년대 중반 이후 전 세계적으로 시민들의 불만과 학생들의 불만이 표출되며 사회운동과 시위로 번져나갔으며 그들의 구호는 다양했다. 이러한 사회적 분위기 속에서 마르쿠제와 에리히 프롬은 프랑크푸르트 학파의 계보에서 실질적으로 실천과 변화를 위한 시위와 좌파운동의 정신적 좌표와 모럴이 되었다.

건축분야에 있어서도 1960년대 후반을 중심으로 하여 극좌파와 관련된 혁명적이고 혁신적이며 다소 과격한 건축적 아방가르드 실험들이 등장했다. 그것은 시대적 분위기와 함께 양적으로 너무나 팽창했던 모더니즘 경향의 도시환경을 혁명적으로 변화시키고 실천하고자 했던 시대정신이 건축분야에서도 유사하게 분출한 것으로 볼 수 있다. 로버트 벤츄리가 4대거장이 주도하는 세력과 호기롭게 맞서며 아방가르드적으로 대중취향의 포스트모더니즘 담론을 전개해나가며 전위로서의 역할을 수행하여 다양성과 다원화된 가치를 전파했던 사례와 같이 다소 과격하고 공격적으로 기존 구조와 체계를 무너뜨리고자 하는 운동들이 활발하게 분출한 것과 궤를 같이 하고 있다. 그것은 당시 차이와 소외되고 억압받고 배제된

27. 아키그램 실험적 이미지
28. 1960년대 실험적 이미지
29. 상황주의자 New Babylon

것을 중시하고 복권시키고 안정화시키고자 했던 포스트모던의 사유, 후기구조주의의 사유의 계보들이 등장하던 시기와 일치하고 있으며 건축 및 문화적으로도 다원주의에 입각한 다양한 흐름들로 나타나게 되었다.

2세대 하버마스의 사유

하버마스의 가장 큰 철학적 특징은 고립된 주체관의 폐해를 극복할 수 있는 주체들의 상호 주관성에 기초한 의사소통의 패러다임을 제시한 것이라고 볼 수 있다. 쉽게 이야기하면 주체와 주체들 사이에 올바른 '대화' 가 필요하며 이를 통해 문제들을 극복할 수 있다는 것이다. 처음 이러한 문장을 접하면 이해하기 힘들 수 있다. 쉽게 이야기 해보자. 전지전능한 입장에서의 주체가 다른 사람 혹은 대상을 외적변수가 없는 무균질 공간에서 판단하는 대상화시킨 사고가 많은 문제를 야기했던 점을 상기할 것이다. 이것은 고립된 주체관이다. 하버마스는 기존의 이러한 주체관이 아니라 주체와 주체의 대화를 중시한다. 혹은 주체와 다른 주체들과의 대화를 중시한다. 그렇게 각자 사고하는 주체와 주체들끼리 되면 동등한 입장에서 대화를 통해 많은 문제가 해결될 수 있을 것이다. 고립된 주체로서의 생각의 전환이 이루어질 수 있는 계기가 마련된 것이다. 그것은 이전의 시리즈에서 계속해서 언급한 바와 같이 데카르트의 코기토로 대표되는 대상화시키고 고립시켜 판단하는 주체의 문제점을 극복할 수 있는 방안을 실천적으로 제시한 것이다. '생각하는 나' 라는 주체의 중요성을 타인에게도 부여하고 상호 동등한 관계에서 원활한 의사소통이 가능하게 하는 조건만 성립한다면 근대의 인류가 가져왔던 여러 가지 문제점이 해결될 수 있을 것으로 생각한 것이다. 건축적으로 보면 기존 콘텍스트와의 대화와 발전을 추구했던 비판적 지역주의와 크리스토퍼 알렉산더의 중기이후 현재까지의 패턴언어의 진화된 방법론이 그러한 측면이 있다.

근대 도구적 이성의 문제점은 모든 구성원을 생산과 소비의 순환 관계 속에 묶은 상태에서 객체를 대상화시켜 도구화하는 것만이 아니라 신적인 위치에서 사유하

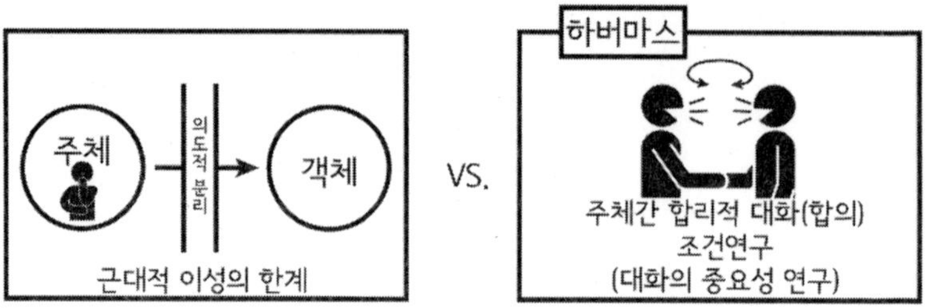

30

는 나라는 주체까지도 시스템 속에 몰아넣어 싫던 좋던 움직일 수밖에 없는 운명의 시스템을 만들어 거대한 기계의 부속품처럼 만든다는 점에 있다. 세이렌의 유혹을 이기기 위해 자신의 몸을 돛에 묶었던 오디세우스와 같이 계몽의 변증법은 자연의 지배와 타자의 지배가 이미 자기 자신의 지배를 전제하고 있는 것으로 볼 수 있다. 아도르노가 상대방의 존재와 처지를 그 사람의 측면에서 생각해보자 한 것과 같이 하버마스는 그 시각에서 더 나아가 대화를 중시하고 올바른 대화조건과 방향성을 연구하여 실제 현실의 문제들을 해결하고자 하는 실천적 해결방안에 대해 사유한 것이다.

0908 모더니티, 그 미완의 기획

하버마스는 프랑크푸르트학파 2세대로 대표되는 인물로 1세대의 비판이론을 계승 발전시켰다. 이성을 중심으로 한 산업 자본사회에 대한 비판적인 시각을 바탕으로 당시 독일의 문화와 사회, 정치를 범위로 진보한 자본사회와 민주주의, 법률에 대해서 분석했다. 합리성의 전개를 위해 그는 인간의 의사소통행위에 대해서 심층적으로 연구했다.

1) 아도르노와 호르크하이머의 인연

젊은 시절부터 하버마스는 역사학, 심리학, 경제학, 독일문학 등의 다양한 학문분야를 통합적으로 사유하는 훈련을 받았으며 그것은 비판적인 프랑크푸르트학파

30. 올바른 의사소통과 대화를 강조하는 하버마스

의 다양한 관심사에 부합하는 것이었다. 젊은 시절 좌파적인 시각으로 독서를 많이 했으며 청년 헤겔과 루카치의 저작에 많은 영향을 받았으며 연장선상에서 호르크하이머와 아도르노의 『계몽의 변증법』에 깊은 감명을 받은 것으로 알려졌다. 그것은 그가 이데올로기의 개념의 역사를 탐구하게 된 계기가 되었고 이후 아도르노의 조교로 일하게 되었다.

31

의사소통을 위한 공론영역에 대한 관심과 실천에 대한 내용으로 연구를 진행하면서 하버마스는 가다머와 듀이 등의 학자들과의 교류를 통해 해석학과 미국적 실용주의 관점의 사상을 접목하여 실천철학을 변형시켜 발전시킬 수 있었다. 이러한 경향은 이후 하버마스의 사상적 편력에서 헤겔의 관념적 실천철학과 마르크스주의 민주주의론의 약점을 보완하는데 큰 도움이 되었다. 또한 아도르노의 영향을 받은 하버마스는 변증법과 비판이론을 바탕으로 서구, 특히 미국적 실증주의를 비판했다. 그의 이론은 사회과학 방법론이란 형태로 자본주의 이데올로기, 특히 "이데올로기로서의 과학과 기술" 에 대한 비판을 실천한 것이었다.

하버마스는 자본주의의 기술 관료적 체제가 눈에 띄게 강화되는 반면 노동계급의 혁명적 저항의 힘이 약화되고 대중의 무관심이 사회문제가 되는 이데올로기 비판을 계속했다. 1960년대 후반에 이르러 전 세계에서 학생들과 대중들의 투쟁이 전개되었다. 그는 보수화 된 좌파이론으로 아도르노가 비판받으며 학생들에 의해 강단이 점거되고 그 충격으로 아도르노는 곧 별세하게 된다. 폭력적인 학생운동을 하버마스는 "좌파 파시즘" 이란 용어를 사용하며 비판하고 프랑크푸르트 대학을 떠나기에 이른다.

하버마스는 '사회인식론' 의 신념으로 그간 실증주의가 무시해온 자기반성적 비판적 정신을 회복하기 위해 역사철학을 '재구성' 시키며 변화를 실천하고자 해왔

31. 하버마스의 초상

다. 그는 그동안의 좌파 역사철학을 자연 지배를 중심으로 하는 실증주의로 비판하며 다른 방향을 모색했다. 그는 1960년대 중반부터 쉬츠의 현상학, 촘스키의 일반 문법이론에 심취하여 의사소통을 통한 근대이성의 폐해를 극복하고자 하는 연구를 시도했다. 그는 자본주의의 체계하의 과학기술 및 관료적 사회 체제가 생활세계의 상호작용 영역을 지배하는 폐해를 극복하기 위해 1981년 대표작인『의사소통행위 이론』을 출판하고 1983년 프랑크푸르트 대학으로 복귀했다. 그는 의사소통행위 이론적 사회비판 패러다임을 현실에 적용시키는 데 힘을 쏟는다. 하버마스의 비판이론은 명백히 인식적 관심에 바탕을 둔 사회인식론으로부터 나온 화용적[14](話用的) 언어이론을 기초로 한 사회이론이다.

하버마스는 근대사회가 발전한 것이 이성과 합리성이 점진적으로 발전해온 것으로 규정했다. 근대 이성으로 발전했던 사회시스템과 함께 노동의 소외 및 폐해 등이 부작용으로 나타났던 것에 대해 체계의 통제 메커니즘도 체계(시스템)가 생활세계를 '식민화' 하는 합리화의 과정으로 설명하고 있으며 이러한 근대의 역설적 상황을 현실 그대로 인정하고 점진적인 해결방안을 모색한다. 하버마스는 근대적 이성의 '의식(이성)' 의 사물화(대상화)가 아니라 의사소통 관계의 사물화(합리적 의사소통의 결과물)로 설명하고자 했다.

그는 마르크스적인 좌파의 비판적 시각으로 근대사회를 분석, 비판했지만 이성의 진보에 대한 믿음을 가지고 있었으며 합리적 의사소통에 근거한 민주주의를 추구했다. 이런 측면에서 그의 철학은 보수주의 우파로부터는 사회주의자로, 또 좌파로부터는 수정주의라는 또는 보수주의로 변절했다는 비판을 동시에 들었다. 그러나 그의 입장은 현실을 수긍하면서 이성에 근거한 점진적인 발전을 신봉했기에 나오는 방향성이었다. 그가 추구하는 민주주의는 의사소통행위이론에 기초를 둔 민주주의로 이성과 토론에 의거한 공론 영역의 활성화를 의도하는 것이다.

14) 화용론: 언어 자체만을 대상으로 하여 연구하는 것이 아니라 그 나라 그 시기의 언어가 성립되는 배경의 외적 변수까지도 함께 고려하여 연구하는 맥락적 언어 연구를 말한다. 달리 말해 즉 언어 사용의 특성과 과정에 중점을 두고 언어현상을 연구하는 것이다.

0909 도구적 합리성과 의사소통이론

하버마스의 관점은 일방향에서 쌍방향 소통을 하자는 것이고 상호 협의를 통한 합리적 합의에 이르자는 주장이다. 의사소통행위는 말 그대로 사람들이 언어를 통하여 서로의 의사를 소통하는 행위이다. 그러나 어찌 보면 당연하고 단순해 보이는 이 행위는 하버마스에게는 매우 중요한 의미를 지닌다. 우선 의사소통행위는 우리가 흔히 생각하는 대로 그저 말을 하고 들으면 되는 것처럼 보이는 단순한 행위가 아니다. 진정한 의사소통행위란 사람들 사이의 직접적인 상호 이해에 따른 '합의'가 목적이라고 할 수 있다. 이러한 행위는 다른 언어행위와는 구분지어 생각할 수 있다. 단순한 의사소통에 머무르는 것이 아니라 '진정한 대화'가 이루어져야 한다는 것이다.

어떤 특정한 목적의 실현을 목표로 삼고 있는 행위(목적론적 행위 : 상품을 팔기 위해 선전하는 행위)나, 사회적으로 지켜져야 한다고 여겨지는 규범을 따르는 행위(규범적 행위 : 강의나 교육), 자신의 진실성이나 진정성을 표현하는 듯이 보이는 행위(연출적 행위 : 친구에게 반갑게 인사하는 행위)와 같은 언어행위도 언어가 사용된다는 점에서는 마찬가지이지만 이들 행위는 사람들 사이의 직접적인 상호 이해가 부차적인 기능인 데 비해서 의사소통행위에서는 상호 이해 도달이 가장 큰 목적이 되기 때문이다. 주체와 주체들 간의 합의를 중시하는 것이며 그것은 이성의 폐해와 부작용을 극복할 수 있는 가능성을 가지고 있다. 다시 말하자면 의사소통행위는 이들 언어 행위의 기초가 되는 것이며, 이와 같은 언어적 상호 이해 없이는 언어는 어떤 다른 기능들도 수행할 수 없다.

의사소통행위에서 언어적 상호 이해가 이루어지는 의사소통이 되기 위해서는 몇 가지 주의해야 할 점이 있다. 말하는 사람은 ① 다른 사람들이 자신의 말을 알아들을 수 있도록 이해가능하게 말을 해야 하고(이해 가능성), ② 상대방이 믿을 수 있는 방식으로 말을 해야 하며(진리성), ③ 자신이 말하고자 하는 바가 상대방이 생각하는 규범과 어긋나지 않는다는 것을 보여주어야 한다.(규범적 정당성) 또한 ④ 말하고자 하는 바가 진실된 마음에서 우러나고 있다는 것을 설득해야 한다.(진실성, 진정성)

타당성의 주장은 혼자 존재하는 것이 아니라 상대방의 인정을 전제로 한다. 말하는 것이 사기꾼인 것 같아서 믿어주지 않는다면 합의 자체가 불가능할 것이기 때문이다. 당연히 거짓되거나 성립될 수 없는 말을 한다면 상호 동의와 인정을 획득할 수 없을 것이다. 따라서 타당성은 상호 합의의 주요한 기본 조건이다. 따라서 말을 듣는 상대방은 말하는 사람과 마찬가지로 말하는 사람의 주장에 대해 의문을 제기하거나 자세한 설명을 요구하는 것이 가능하다. 그렇지 않고 다른 사람이 반론을 제기할 수도 있다는 가능성을 인정하지도 전제하지도 않는 언어행위는 비정상적인 독백이거나 강요가 될 수밖에 없다. 이것은 의사소통 행위가 말하는 사람과 듣는 사람의 상호 동의 위에서만 이루어진다는 점을 명확히 해주는 것이다.

–의사소통의 합리성

의사소통을 한다는 것은 상대가 이성적이라고 전제하는 것이고, 또한 자기 자신도 이성적이라고 전제하는 것이다. 다시 말해서 이성이란 한 사람의 고독한 주체가 홀로 자기만의 방식으로 세계를 판단하고 평가하는 환경(조건)이 아니라, 나와 너를 포함한 '우리' 모두가 함께 합리적인 의사소통 속에서, 서로를 인정하는 가운데에서만 성립 가능한 체계이다. 이렇게 이성을 규정지을 때 이를 '의사소통적 이성'이라고 부른다.

의사소통적 이성은 바로 그 의사소통적 이성 또는 합리성이 얼마나 체계적으로 발휘되고 보장되느냐에 비추어 현재와 미래의 모든 사회를 평가할 수 있는 잣대를 제공한다. 우리 사회가 언어에 의한 의사소통에 의해 만들어지고 유지되는 한, 이 의사소통적 행위 차원에서의 합리화는 도덕적 · 실천적 관점에서 이루어진다.

그리고 사회의 진화란 체계적으로 왜곡된 의사소통을 극복하는 것이며, **강압으로부터 자유로운 의사소통이 확대되는 것으로 이해될 수 있다. 또한 이런 의사소통 주체들의 상호 인정과 그에서 비롯되는 화해와 자유의 이념은 왜곡되고 억압되었으며 모순을 가지고 있는 현실의 사회를 비판적으로 바라볼 수 있게 해 준다.**

그는 억압 없는 해방된 사회를 위해 이상적인 언어 모델에 주목했다. 언어도 하나의 행위다. 예를 들어, '내일 그곳에 갈게' 라는 말은 그렇게 하겠다는 행동의 약속을 담고 있다. 이 약속이 지켜지는 이유는 서로가 상대의 말을 알아듣고 그 말이 진실임을 인정하기 때문이다. 하버마스는 이런 **'일상의 언어생활에서 인류의 해방을 향한 열쇠를 발견한다.'** 그는 합리성을 단순히 논리적 사고가 아닌, 사람들 사이의 대화와 토론에서 찾는다. '의사소통의 합리성' 이라는 새로운 이성의 잣대를 세운 것이다. 절대적인 진리는 항상 억압을 낳는다. 이를 받아들이지 않는 이들을 짓누르고 위협할 수밖에 없는 상황은 억압된 상황을 만들어낸다. 하지만 진정한 진리는 대화와 합의 속에서 나온다. 열린 마음으로 상대를 대하고 서로를 받아들일 수 있다면, 우리는 토론 가운데서 최선의 결론을 맺을 수 있다.

그는 올바른 대화의 기준으로, 서로 무슨 뜻인지 이해할 수 있고, 그 내용이 참이어야 하며, 상대방이 성실히 지킬 것을 믿을 수 있고, 말하는 사람들의 관계가 평등하고 수평적이어야 함을 든다. 이렇게 이루어진 토론에서 우리는 서로가 합리

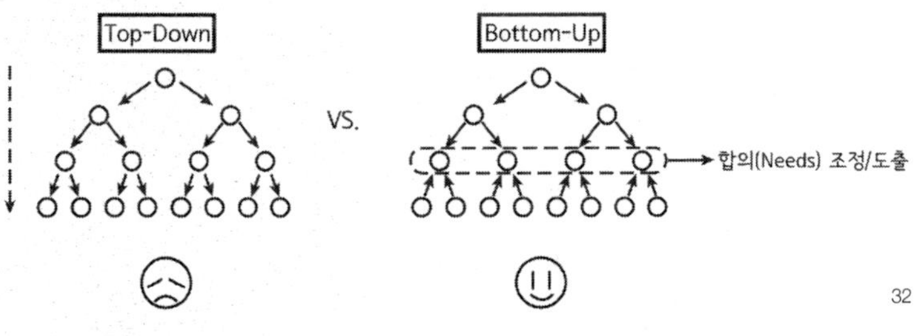

32

32. 일방향적 의사체계와 상호의사소통과 합의를 통한 도출의 차이

적이라고 인정하는 최선의 결론을 얻을 수 있다. 이렇지 못한 대화는 폭력일 뿐이다. 그는 대화 속에서 이성의 새로운 역할을 찾는 독창적인 철학의 장을 열었다. 나아가 하버마스가 추구한 대화의 윤리, 곧 '담론 윤리학' 은 현대 민주 사회에 도덕과 근거를 제시해 주는 이론으로 각광받게 되었다.

'건축' 그 자체 내에서 대화를 추구하는 방법론은 어떻게 될 수 있을 것인가? 우선 콘텍스트와의 대화(지역주의 /비판적 지역주의 건축)를 들 수 있을 것이다. 이것은 모더니즘 건축이 아무 곳에나 심겨지는 폐해에 따른 보완의 측면에서 생각해볼 수 있을 것이다. 장식이 배제된 모더니즘 풍의 도시건축이 만연할 때 만들어지는 삭막한 경관에 대중은 쉽게 식상하게 되고 대중취향의 경관 변화를 요구받아 그러한 취향의 디자인을 추구하는 것이 포스트모더니즘 건축 경향으로 나타나게 된 것이다. 당시 포스트모던 건축은 대중과의 의사소통의 긍정적 변화였다고 볼 수 있을 것이다. 모더니즘 건축의 가장 큰 특성이 합리적 기능 및 프로그램 배분을 통한 공간적 조닝(zoning)에는 합리적이고 기능적인 것을 강화하는 것이었지만 보톰업 니즈(Bottom up Needs)에 따른 부분에 있어서는 모자라는 것이었다. 따라서 우리는 기능 및 프로그램의 객체 우위의 시각에 따른 프로그램 배치의 방법론에 대해서 생각해볼 필요가 있을 것이다.

0910 생활세계의 식민화 이론

하버마스의 생활세계는 원래 후설의 현상학적 개념에서 나온 것이다. 생각하는 현존재는 인격적 세계, 즉 생활세계에 속한다는 것이며 사물과 자연과 교감하고 의미를 만들면서 사는 세계를 의미한다. 근대이성이 발전시킨 실증과학의 폐해를 극복하고 초월론적 철학에 이르는 것은 현실에서 직관되고 현실에서 경험될 수 있는 세계에 달려있다고 본 것이다. 근대사회는 학문의 이념이 실증주의적으로 국한된 것이고 물리학적 객관주의라는 방법적 조작으로 인해 경험과 교감이라는 생활세계는 은폐되고 망각되었다는 것이 현상학적 입장이다. '자연의 수학화'

가 완성시킨 '객관적으로 현실적이고 참된' 자연으로서 생활세계를 대리하고 그것을 은폐, 망각시키면서 모든 것을 공허하게 만드는 결함에 대한 비판을 포함하게 된다.

후설이 생각하는 생활세계는 제 1성질인 과학적 정밀화의 조작을 색깔, 소리, 맛, 따뜻함과 차가움 등의 감성적인 제2성질에까지 확장함으로써 일체의 사태에 대한 간접적 수학화를 기도하는 환원의 과정으로 볼 수 있다. 그것은 경험과 인식에 어쩔 수 없이 얽혀 있는 '해석학적 순환'을 의미한다. 그것은 경험과 인식이 끊임없이 미완결이며, 그것 자체로서 생성과 발전을 반복하는 역동적인 과정이다. 하버마스는 '생활세계의 합리화' 와 '생활세계의 식민지화' 와 같은 개념을 축으로 하여 근대 세계에 대한 새로운 파악을 시도하고 있다.

쉽게 이야기 해보자. 근대적 이성의 폐해가 생각하는 내가 우리를 둘러싸고 있는 객체나 상대방(너)를 나의 잣대로 함부로 재단하고 판단하면서 발생하는 이성의 폐해가 있었음을 알고 있을 것이다. 대표적인 것으로 인격의 대상화와 도구적 이성의 문제가 있다. 인간적으로 존중하며 대하여야 하는 사람을 물건 대하듯(대상화) 하여 금전적으로 생산과 자본축적에 이용하고자 하는 도구적 이성의 문제는 자본 사회의 근본적인 문제이다. 또 한 가지 중요한 것이 마치 머릿속에서 진공세계에 있는 듯한 상태로 객체를 판단하는 문제가 있는데, 이 것이 온갖 감각과 욕망이 지배하는 현실세계의 여러 가지 판단을 가려버린다는 문제점이 있다. 근대 이성이 일반적인 감각과 욕망이 지배하는 인간의 세계를 이성적, 수학적 시스템이 지배하는 팍팍한 세계로 만들고 있다는 것이다. 테마파크에 가서 일하고 있는 놀이기구를 돌리는 직원들의 끊임없이 반복되는 웃음과 동작, 쇼핑몰에서 무미건조하게 끊임없이 계산하고 있는 직원, 자동차 공장에서 상부의 명령이 떨어지고 기계적으로 생산에 관련된 대화만 하면서 하루를 보내게 되는 직원들과 사회 조직 내에서 거대한 기계의 부품으로 일하고 있는 느낌을 받게 되는 현대인의 모습을 떠올려보면 이해가 될 것이다. 건축부문에서 머릿속에 있는 모델이 튀어나온 듯한 모더니즘 건축의 추상성은 질감과 벽돌, 나무판자, 건물의 오래된 느낌의 냄새, 분위기와는 다른 것이다. 모더니즘 건축의 추상성은 이러한 현상학적 감각을 배제하고 진공속의 사유로부터 튀어나온 듯한 느낌이며 그것은 그 지역의 콘텍스트와 조건을 고려하지 않고 전 세계에 폭력적으로 적용되는 야만성이 존재하고 시스템적 건축과 환경이 현실세계에 적용되어 획일화되고 있는 것에 대해 비판하고 있는 것이다.

33

하버마스는 의사소통적 이성이라는 바탕 위에서 의사소통행위에 의한 행위 조정이 이루어지는 '생활세계'와 화폐나 권력과 같은 비언어적 매체를 통해 행위의 조정이 이루어지는 '체계'라는 두 가지 개념을 제시했다. 그에 따르면 현대 사회의 모든 문제의 핵심은 '체계'의 명령이 '생활세계'를 위협하고 도구화하며 '생활세계'를 식민지화하는 데에 그 원인이 있다고 본다. 화폐와 권력의 논리에 포섭될 수 없는 영역에서조차 이들 논리가 지배하고, 이에 따라 의사소통이 본래 의미인 상호 이해와 비판정신의 가능성을 잃어버리고 기능적 목적에 따른 행위로 변질된 데에서 현대 사회의 문제가 생겨나는 것이다. 따라서 이를 극복하기 위해서는 의사소통 행위의 과정 그 자체가 행위의 갈등을 규제하고 조정하는 중요한 메커니즘이 되고, '생활세계'가 돈과 권력이라는 매체에 의해서가 아니라 상호 이해와 비판 정신에 그 뿌리를 둔 개인들의 의사소통적 행위에 의해 이루어져야

33. 자본의 시스템과 생활세계의 공간부문 식민지화

만 한다. 생활세계는 이러한 언어적 의사소통의 실천이 이루어지고 의사소통에 의한 행위의 조정이 이루어지는 사회문화적 맥락으로 각 주체는 의사소통을 통해 참여하고 해석하고 합리적 비판적으로 수용하는 과정이 일어날 때 바람직한 생활세계가 형성되는 것으로 보았다.

이와는 달리 체계는 기계처럼 자동적으로 작동하는 사회의 메커니즘으로서 그것은 사회가 복잡해지면서 언어적 의사소통만으로는 인간의 복잡다단한 행동을 언어적 소통을 거쳐 해결하기 힘든 것들을 권력과 자본을 통해 자율적으로 해결될 수 있는 조정이 이루어진다. 이를 통해 경제와 행정의 독립적인 체계가 만들어지게 된다. 근대사회의 진보는 이렇게 자본과 권력 등의 비언어적 체계(시스템)가 의사소통 언어에 의해 자율적으로 작동하며 진화된 역사이다. 그것은 달리 말해 '체계' 와 의사소통이 언어에 의해 매개되는 '생활세계' 의 분화과정이라고 할 수 있다.

하버마스는 모든 문제가 일어나게 되는 원인의 핵심이 '생활세계의 식민지화' 에 있다고 보았다. 그는 체계의 명령이 생활세계를 도구화시키는 것으로 보았고 자본의 가치에 의해 모든 것을 경제적 가치로 재단하고 권력의 교묘한 순응을 강요하게 되며 대중은 정치에 무감각해지고 비판정신이 무뎌지며 개인화된다고 생각했다. 의사소통은 체계에서 요구하는 기능적 목적에 맞춘 의사소통행위로 한정되는 변질의 과정을 거치게 되었다고 그는 주장한다.

하버마스는 근대 이성의 문제가 생활세계가 목적위주의 시스템에 의해서 기계화되고 있다고 주장한다. 도구적 이성과 끊임없이 시스템속의 부품으로서의 의사소통의 대화만이 존재하는 가운데 소외감정과 비인간화가 가속화된다. 모든 공간과 경관은 자본의 집적을 목적으로 하는 가운데 이를 위해 내적인 식민지화가 가속화된다. 기계를 움직이고 시스템을 작동시키는데 필요한 형식적이고 조직에 필요한 일방향적 대화만이 필요하게 되는 것이다. 의사소통은 시스템을 작동하게 하는데 만 쓰이는 것이 아니라 상호 갈등관계를 조정하고 해결하며 공론을 형성하는 사회적 활동이다. 자본에 의해 식민화되고 감각과 정에 기반을 둔 감정을 상실한 세계를 극복하기 위해 우리는 민주적 잠재력과 민주적 참여, 인권의 보호, 평등한 상호 인정과 존중 등을 바탕으로 하는 합리적 의사소통이 필요하다.

하버마스의 '대화' 를 통한 기존 문제의 극복과 장점에도 불구하고 하버마스의 이론에는 몇 가지 문제점이 있다. 원래 불평등하거나 힘의 불균형을 이루고 있는 것이 세계이다. 이러한 근본적인 불평등, 불균형의 측면을 인정해야하는데 하버마스가 주장하듯이 불평등하고 불균형한 계급과 지위와 상하관계 및 나이의 차이를 완전히 무시하고 완벽하게 합리적 대화를 성립시키는 것은 사실상 불가능하다. 또한 합리적인 토론이라고 생각하는 것도 교묘한 여론을 움직일 수 있는 주제와 패널들의 구성 등으로 조작될 수 있는 문제가 여전히 존재한다. 각자 다른 정치적 성향의 매체들이 다른 방향성의 토론을 준비하며 여론을 호도하고 이끌어가려고 하는 과정에서 발생하는 다양한 문제들이 그것이다. 이러한 점에서 하버마스의 생각은 훌륭하지만 단점도 존재한다. 공론장의 담론의 건축적 개념은 PART II 에서 집중적으로 다룰 것이다.

그렇다면 건축과 관련하여 하버마스가 중요시하는 '대화' 와 관련하여 어떠한 점들이 관련이 있을까? 도시를 기반으로 한 젊은 엘리트들에 의해서 기존의 문화 역

34

35

34. 비판적 지역주의 건축, 레골레타
35. 비판적 지역주의 건축, 루이스 바라간

사와 단절된 새로움을 추구했던 모더니티와 모더니즘과 관련된 건축, 디자인, 표현분야 운동 및 추상화는 새롭고 인류의 삶을 송두리째 바꾸어놓을 만큼 많은 도움이 되는 것이었지만 동시에 대중의 삶과 의사소통 부문에 있어서 심각한 문제를 가지고 있었고 그에 따라 도시건축 분야에 있어서도 여러 가지 문제를 가져왔다. 쉽게 이야기해서 모더니즘 계열의 건축경향은 인류에 많은 발전을 가져다주며 미학적으로 기능적으로 우수한 건축을 선사했다. 그러나 엘리트 주도의 일방향적인 방식이었고 그래서 상당 부분 폭력적인 부분이 존재했으며 대중과 역사, 혹은 콘텍스트와 '대화' 하는 것은 부족했다는 의미이다. 대중과 '대화' 하고자 하는 흐름에서 포스트모더니즘 건축이 나온 것이고 또한 콘텍스트와 지역의 역사성과 대화하기 위해 지역주의 혹은 비판적 지역주의 등의 건축흐름이 나오는 것은 이렇게 올바른 '대화' 를 추구하는 과정에서 새로운 시도로서 나온 것이었다. 또한 3권에서 살펴본 바와 같이 크리스토퍼 알렉산더의 구조주의적 관점의 지역건축의 연구 이후 건축 라이브러리를 형성시키고 지역에 어울리는 패턴언어를 부여하는데서 더 나아가 후기에 이르러 주민들과의 공청회와 회의 등의 대화를 통해 주민들의 니즈와 의견이 반영된 라이브러리가 접목되는 방향성으로 나아가는 것 역시 건축가의 독단을 제어하고 지역성과 주민의견을 적절하게 조화시키고자 하는 '대화' 로서의 건축적 흐름이라고 할 수 있다. Top-down의 군대식 하향식 제안보다는 Bottom-up 니즈를 적절하게 만족시킬 수 있는 대화를 중시하는 건축적 흐름은 점차 강조되고 있는 도시재생의 취지와 일정부분 맞닿아 있다.

3세대 악셀 호네트의 사유

악셀 호네트는 1949년 독일 에센 출신으로 사회 철학자이자 윤리학자의 면모를 보이고 있다. 오늘날 프랑크푸르트학파 3세대를 대표하고 있는 그는 프랑크푸르트대학 사회과학 연구소를 실질적으로 이끌고 있다. 그는 현대사회의 병폐와 병리적 현상을 진단하고 비판하면서 담론을 주도해 나가고 있다. 독일 공업지역 에센에서 태어나 '68운동'의 열기가 한창이던 시기에 본대학과 보훔 대학에서 공부한 호네트는 독일사회민주당(SPD) 청년조직에 가입해 정치에 참여했다. 그러나 조직에서 소수파(루카치, 블로흐 마르크시즘 추종)에 속했던 그는 결국 탈퇴했고 주류의 노선과는 다른 방식으로 마르크시즘을 재구성하여 자신만의 철학적 사유에 도달하게 되었다. 그가 관심을 가지고 연구하는 주제는 인간이 문제없이 성공적인 자아실현을 이루는데 필요한 사회적 조건이다. 이러한 목적에 다가가기 위해 그는 '인정'과 '무시'의 사회적 조건과 개념에 집중하고 있다. 그는 하버마스의 의사소통 모델과 푸코의 갈등이론을 접목시켜 자신의 인정투쟁 이론을 정립하였다고 스스로 이야기 했다. 2세대 하버마스의 제자인 호네트는 의사소통이론의 부족한 점과 약점을 밝힘으로써 개인이 사회화 과정에서 겪게 되는 갈등, 투쟁의 요소가 부족함을 꼬집고 있다. 그러나 그의 이론은 철저하게 하버마스의 이론으로부터 근거한다. 3세대 악셀 호네트의 담론은 독일 전후복구 과정에서 경제성장을 위한 이민 노동자 세력과의 화합의 고민이 상당부분 녹아들어가 있는 담론이라고 해야 할 것이다. 호네트는 이성의 폐해를 가져왔던 고립된 주체가 아니라 타인과 공동생활을 하는 사회적 존재로서의 인간을 전제한다. 그는 사회적 인정을 성찰적 자아실현의 필수적 조건으로 규정하여 인정투쟁을 통해 사회적 인정을 확대시키고 사회변혁의 규범적 목적으로 생각했다.

36. 악셀 호네트의 초상

0911 비판적 존재론의 규범적 토대와 체계적 통일성

호네트는 인간의 행위와 욕망을 중시하고 마르크시즘의 재구성을 통해 사회비판이론을 새롭게 정립하고자 한다. 호네트는 사회적인 무시를 극복하고 우리가 일상에서 사람들과 동등하게 만나고 차이가 존중되는 사회의 안정적인 질서를 형성시키는 것을 주요한 목표로 삼고 있다. 그는 그것을 위해 개인적인 자유의 실현과 이성적 윤리의 실현을 필수적인 조건으로 생각하고 있다. 프랑크푸르트학파 1, 2, 3세대의 연구는 각각의 차이가 존재하지만 공통적인 특성은 이성과 과학기술에 의해 발전한 근대사회를 비판적인 시각으로 바라보고 지속적으로 새로운 이성관을 제시하며 극복하고자 하는데 있다. 이렇게 새로운 이성관을 제시함으로써 인간해방과 자유의 실현을 가능하게 하고 이것을 통해 궁극적으로 점진적인 사회의 진보가 가능하다는 신념을 고수하고 있다. 그것은 이성을 억압하고 왜곡하는 것이 사회적인 억압과 지배의 다른 모습으로 표출되고 징후로 나타난다고 보는 입장이다. 그것은 이성의 점진적 발전을 믿으며 나아가는 독일민족의 방향성과 일맥상통하며 프랑크푸르트학파가 줄기차게 제기하고 천착해왔던 문제와도 유사하다.

2001년 호네트가 사회과학연구소 소장 취임 인터뷰에서 다음과 같이 자신의 신념을 밝히고 있다.

> "마르크스주의적 연구 방법은 오늘날 중요성을 갖지 못하고 있습니다. 그 핵심인 노동자 혁명 이론이 변화된 사회조건 하에서 설득력을 잃었기 때문이고, 우리가 어떤 거대 이론의 틀 안에서 사회 연구가 이뤄질 수 있다고 더 이상 믿지 않기 때문입니다. 다만 계급 없는 사회를 지향하는 '마르크스 정신' 자체가 사라진 것은 아니며, 이는 사회적 불평등 내지 불의에 대한 비판 정신으로 여전히 살아 있습니다." (중략)...

37

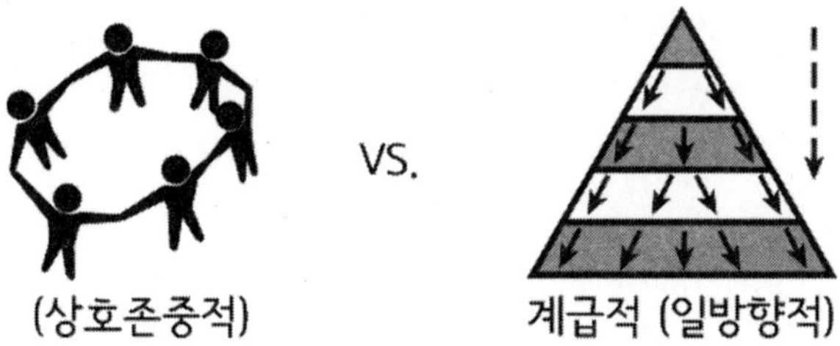

앞의 언급처럼 악셀 호네트는 현대 사회가 거대 이론의 프레임 안에서는 더 이상 제대로 작동할 수 없다는 점을 분명히 했으며 그가 천착해온 이론 작업의 핵심은 마르크시즘의 재구성이다. 이를 위해 그는 마르크시즘적 사유의 중심적 틀을 '노동' 에서 '행위' 로 대체한다. 인간의 행위와 욕구, 상호 주관적 관계에 주목하는 '철학적 인간학'의 지평에서 호네트는 오늘날 마르크스 정신의 실천 가능성을 모색한 것이다. 연구자 문성훈은 '호네트가 궁극적으로 해명하려 하는 점은 인간이 자신의 삶을 성공적으로 실현할 수 있는 규범적 · 사회적 조건' 이라고 해설한다.[15)]

호네트가 집중하는 인정의 개념은 개인이나 집단의 자기의식이나 정체성과 관련하여 상대방을 긍정하는 행동으로 '무시' 라는 개념의 반대되는 것이다. 다시 말해 남을 인정하라는 의미는 남을 무시하지 말라는 말과 동등한 의미를 가지고 있다.

그는 인정의 사례로서 다음과 같이 다섯 가지의 조건을 들고 있다. 1)현존성, 2)동등성, 3)특수성, 4)우월성, 5)진리성 등이 그것이다.

현존성이 중요한 것은 함께 있거나 앞에 있는 사람을 존재하지 않는 사람 취급하듯이 무시하거나 인정하지 않는 태도로 인한 것이다. 이렇게 무시당하는 것은 사회적으로 많은 문제를 야기시킬 수 있다. 두 번째로 '동등성' 의 의미는 경제적,

37. 주체간 상호존중적 태도와 일방향적 태도

15) 문성훈, 미셸 푸코의 비판적 존재론, 그 미완의 기획, 도서출판 길, 2010

사회적 지위의 차이에도 불구하고 같은 인간으로서 대우받고자 하는 심리를 가진 것이 사람인데 지속적으로 무시당하게 된다면 사회문제가 발생할 수 있을 것이다. 차별받지 않고 동등한 인간관계로 인정되는 사회가 바람직한 '인정' 의 사회일 것이다. 세 번째로 '특수성' 의 의미는 특수한 상황이 가치 저하되는 상황으로 무시되는 경우이다. "여자가 집에 가서 애나 볼 것이지 왜 차는 끌고 나와서 저모양이야?" 하는 식으로 여성의 특수성을 모욕하거나 무시하는 방향으로 대하게 되면 바람직한 사회로 나아가기 힘들 것이다. 개개인이 가진 특수성을 인정하고 존중할 수 있는 사회가 바람직할 것이다. 네 번째로 '우월성' 의 의미는 인정을 받고 더 많은 것을 쟁취하고자 하는 욕망이 누구에게나 존재한다. 그것은 일정부분 인류가 발전하기 위한 필요충분조건이다. 그러나 1등으로 인정을 받고 더 많이 취하는 것이 그렇지 않은 사람들과 서열화와 등급화 되어 차별받는 사회적 구조가 심화된다면 열등한 사람들로 낙인된 사람들은 무시되고 인정받지 못한 사회적 갈등의 요소가 될 수 있을 것이다. 다섯 번째로 '진리성' 의 의미는 '나' 뿐만 아니라 다른 사람을 인정한다는 것은 그들의 의견이 다를 수 있음을 인정해야만 한다는 것이다. '나의 의견이 맞고 다른 의견은 틀리다' 라고 생각하는 것은 다른 형태의 '무시' 라고 할 수 있다. 이렇게 인정의 개념은 사회의 일원으로 살아나가면서 서로 포용하고 인정하는 것이다. 그것은 바람직한 사회로 나아가기 위한 전제조건이 되는 부분에 대해 고민하고 변화시키면서 안정적인 사회로 나아갈 수 있는 방향을 제시하고 있다.

– '주격 나' 와 '목적격 나' 의 화해

자아 형성에는 '주격 나' 와 '목적격 나' (사회적으로 인정받고 존중받는 위치에서의 나)' 의 화해가 필요하다. 왜 인정이 자아실현을 가능하게 하는 사회적 조건이 될까? 이를 위해 우리는 자아형성과정에 대한 이해를 전제로 한다. 자아는 내가 의식하고 있는 자아(단지 '나' 를 말하는 것이 아님)를 말하는 것이다. 즉, 자기의식으로서의 자아를 의미한다. 그것은 나는 누구이고 또 누구이고 싶은가 하는

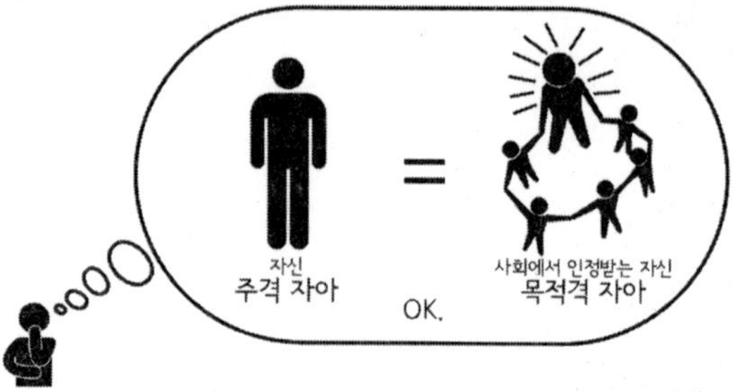

38

질문에 대해 나 스스로 대답할 수 있게 하는 나 자신의 자아상을 뜻하는 것이다. 그것은 내가 의식적으로 원하고 희망하는 나의 모습을 실제의 나의 모습으로 만드는 과정을 의미한다.

다른 한편으로 목적격 '나'는 한 개인이 자신에 대해 갖고 있는 타인의 시각을 경험함으로써 얻어 낸 자아상을 의미한다. 일반화된 타인의 시각을 통해 형성된 자아상을 목적격 나로 규정하며 그것은 사회적으로 요구되는 자아상을 의미한다. 한편, 주격 '나'는 '목적격 나'에 반발하는 또 다른 나의 차원으로 주격 '나'와 '목적격 나' 사이의 의존과 대립이라는 구조적 관계를 의미한다.

—자아형성 유형

목적격 나에 대해 주격 나가 긍정적 반응을 보이는 경우에는 목적격 나를 자신의 자아상으로 내면화하는 과정으로 생각할 수 있다. '목적격 나'에 대해 '주격 나'가 반발하는 경우에는 개인의 자아는 내적 갈등상태를 보이고 있다고 볼 수 있다. 주격 나의 반발을 대안적 자아상으로 구체화하는 경우에는 이중화된 자아상은 자신이 원하는 자아상이자 동시에 사회가 원하는 자아상으로 볼 수 있다. 이 경우 사회적으로 요구된 자아상을 자신의 정체성으로 선택하는 것이 가장 일상적 개인이 사회와의 갈등을 피할 수 없기 때문이다. 그것은 자신의 새로운 자아상을

38. 주격 자아와 목적격 자아와의 일치와 화해

희생하는 대가로 볼 수 있다. 아니면, 그 사람은 사회에 저항하게 된다. 즉, 현존 사회에 맞서 주격인 나를 주장하게 된다. 개인의 자아형성과 사회적 인정과의 필연적 관계는 주격 나의 정체성 요구가 목적격 나와 화해함으로써 사회적 가치관을 통해 주격 나의 정체성 요구가 가치 있다고 인정되는 것이다. 즉, 자아가 구체화되더라도 목적격 나로 대변되는 사회적 인정이 없는 한 자기억압이나 자기분열에 빠질 수밖에 없다는 것이다.

—세 가지 인정(사랑, 권리부여, 사회적 연대)의 유형

헤겔이 언급하듯 사랑은 상호작용의 유형이며 타인 속에서 나 자신을 인식할 수 있는 계기가 될 수 있다. 따라서 사랑을 통해 인간은 동시에 느끼는 심리현상을 경험하며 자신감과 긍정적인 자기의식을 확인할 수 있다. 이와는 달리 폭력과 무시는 반대로 나쁜 영향을 가져올 수 있다. 사람에게는 권리가 부여되면서 사회적 인정을 경험하고 책임감을 가지게 되며 자존심이라는 긍정적인 자기의식과 존엄성을 통해 업무를 수행하게 되는 힘이 될 수 있다. 또한 인간은 사회적 연대를 경험하면서 자부심, 혹은 자긍심에 해당하는 긍정적 자기의식을 형성할 수 있다. 어떠한 커뮤니티에 어떠한 방향으로 소속되는가가 중요한 특징이 될 수 있다. 사회적 인정은 개인의 성공적 자아실현과 긍정적 자기의식, 행복한 삶(의 가능조건)이 충족될 때 느끼게 되는 감정이다. 사회적 인정이 위의 가능조건으로 본다면 어떻게 사회를 비판할 수 있을지 분명하게 나타나게 된다. 그것은 현 사회가 얼마나 많은 사람들에게 사회적 배려, 권리부여, 사회적 연대 등 사회적 인정을 경험할 수 있도록 하느냐에 달렸다.

그렇다면 건축과 연계해서 생각해보았을 때 본인이 계획하는 건축에 어떻게 정당한 정체성(identity)을 줄 것인가? 또는 건축 프로그램의 정당한 배치는 어떻게 이룰 수 있을 것인가? 혹은 건축에서 주격 '나'와 목적격 '나'의 관계는 어떻게 이룰 수 있을 것인가? 여기에서는 본인이 계획하는 건축물과 주위의 단지 혹은 도시와 어떠한 관계를 맺으면서 주위로부터 인정받고 무시당하지 않는 건축이 될 것인가가 중요한 주제가 될 수 있다. 또한 '그 건축물을 어떻게 콘텍스트 내에 배치하고 표현할 수 있을 것인가?' 가 주요한 문제가 될 수도 있다. 단순기능만 최우선하는 건축공간의 프로그램의 배치보다는 프로그램의 정당한 배치가 어떻게 이루어질 수 있을지에 대해서 논의해보아야 할 것이다. 다시 말해 소외되거나 무시되는 프로그램은 없는지에 대해서 다시 생각해볼 필요가 있다는 의미이다.

—사회비판과 병리적 사회

호네트는 정상적인 사회를 추구하기보다는 개인의 정상적 삶을 전제하고 이를 왜곡시키는 사회적 조건, 내지 사회적 현상을 병리적으로 규정하고 있다. 인정의 조건과 상태가 부족할 때 사회는 여러 가지 불안정하고 병리적인 징후들을 보이게 되는 것이다. 그렇다면 정상적 삶이란 무엇일까? 주격 나와 목적격 나가 화해하고, 이를 통해 형성된 개인의 정체성이 긍정적 자기의식 하에 실현되는 것을 의미한다. 이럴 때 개인은 행복한 삶을 영위할 수 있기 때문이다.

사회적 인정이 중요하고 가치 있는 것이기는 하지만 모든 사람에게 사회적 인정이 보장된 것은 아닐 것이다. 또 그렇다고 해서 모든 사람이 사회적 무시에 자기실현의 기회를 상실한다고 볼 수도 없을 것이다. 새로운 정체성 욕구가 등장하면 개인의 자기의식이 변화하며 이에 따른 사회적 인정 역시 그 대상과 내용이 변화하게 될 것이다. 현실사회에서 사회적 인정을 향유하고 있더라도 새로운 자아정체성 요구가 등장하면서 기존의 인정질서와 대립하게 된다. 기존의 인정질서에서 배제된 사람들 역시 자아실현의 조건을 확보하기 위해 현실사회에 저항하는 것이다. 이러한 갈등 경험이 일반화 되고 집단화 될 때 현실사회는 사회적 인정의 대상과 내용을 확장하려는 인정투쟁에 직면하게 된다. 즉, 자신의 자아실현, 행복한 삶을 위해 사회적 저항과 병리적 사회 극복을 위한 집단적 투쟁이 가시화된다.

–인정투쟁과 도덕적 진보

인정투쟁은 새로운 인정 질서를 형성하게 된다. 그렇게 되면 모든 사회구성원이 동등한 존재로서 서로 공존하며 화해하게 될 수 있고 각자의 행복한 삶을 보장하는 건강한 사회가 될 수 있다. 그런 점에서 인정이론은 도덕적으로 정당하다. 도덕적 진보는 인정투쟁을 통해 사회적 인정의 대상과 내용이 지속적으로 확대되는 것이다.

1970년 11월 평화시장 앞 전태일(1948-1970) 열사가 '근로 기준법을 지켜라! 우리는 기계가 아니다.' 라고 외치며 분신 사망한 사건으로 노동조건과 사회적 환기를 일으키고 노동법이 개정된 사례를 그것으로 볼 수 있다.

현재 우리는 어떤 사회적 인정의 질서에 살고 있는가? 현 사회에서 목적격 나와 주격 나에 대해 어떠한 시각으로 바라보아야 하며 이것을 어떻게 건축으로 확장시킬 수 있을 것인가에 대해서 진지하게 고민해볼 필요가 있다.

0912 사회적 지배: 진위게임식 인정질서

악셀 호네트는 푸코에게서 많은 영향을 받았다고 언급한다. 호네트의 제자인 문성훈은 그와의 관계에서의 존재론에 대하여 다음과 같이 언급하고 있다.

"푸코의 비판적 존재론이 밝히고 있는 지식, 권력, 주체의 순환적 통일이 결국은 사회적 인정을 위한 복종의 양식을 보여주고 있기 때문이다. 그렇다면 다음 단계로 문제가 되는 것은 푸코의 비판적 존재론이 함축하고 있는 또는 이로부터 도출할 수 있는 규범적 요구가 무엇인가 하는 점이다. 이러한 규범은 사회적 인정을 위한 복종 양식에 대한 저항이며 단적으로 복종에 대한 거부라고 말 할 수도 있을 것이다." [16] 인정투쟁 개념은 철학사적으로 볼 때 청년 헤겔로부터 기원하며 이는 1990년대 이후 호네트에 의해 체계화된 저항의 방식이자, 그가 한 사회의 도덕적 발전을 설명하는 핵심 틀이기도 하다.

규범적 토대와 체계적 통일성과 관련된 내용은 세 가지 테제로 요약된다.

16) 문성훈, 미셸 푸코의 비판적 존재론, 그 미완의 기획, 도서출판 길, 2010, p205

첫째, 개인의 성공적 자아실현은 근본적으로 타인의 인정에 의존한다. 왜냐하면 타인의 인정을 통해 해당 개인은 외적 강제나 내적 두려움 없이, 그리고 긍정적 자기의식 아래 삶을 영위할 수 있기 때문이다.
둘째, 한 사회의 도덕적 발전은 점차 수준을 높여가는 개인의 정체성 요구와 이를 관철시키려는 인정투쟁을 통해 사회적 인정의 대상과 내용을 확대시킴으로써 달성된다.
셋째, 사회적 인정의 확대는 한 개인이 다른 개인과 공유하는 보편성과 한 개인이 다른 개인과 구별되는 자신만의 개성을 인정하는 방향으로 진행되어야 한다.

이렇게 사회적 지배와 해방에 대한 푸코의 입장을 이해한다면, 이제 우리는 사회적 저항의 대상이 무엇인지도 도출해 낼 수 있다. 그것은 다름 아니라 진위게임식으로 작동하는 사회적 인정질서이다. 권력, 지식, 주체의 결합을 통해 작동하는 것이라면, 저항의 대상 역시 세 가지 축으로 구별할 수 있다. 즉 개인이 실존 형태에 따라 자기 자신을 형성하게 하는 권력의 축, 인간의 실존 형태에 대한 진위의 기준을 산출하는 지식의 축, 이러한 기준에 복종하는 것과 동일화된 주체의 축이 그것이다. 근대적 통치기술, 진리정치 그리고 복종을 통한 주체화에 대한 저항이 각각 그것이다.[17]

우리가 경험하는 사회의 모든 문제들은 개인을 국가와 그 제도적 기관들로부터 해방시키는데 있는 것이 아니라 우리 자신을 국가뿐만 아니라 이와 결합되어 있는 개인형성 양식으로부터 해방시키는데 있다. 우리는 수백 년 동안 우리 자신에게 부과된 개인형성 양식을 철폐함으로써 새로운 형태의 주체성을 형성해야 한다.

이러한 문제와 관련하여 건축적으로 생각해본다면, 사회적으로 요구되는 건축(목적격 건축)과 내가 표출하고자 하는 건축(주격 건축)의 관계에 주목하고 이를 어떻게 화해시킬 것인가가 앞으로의 주요한 목표의식이 될 수 있다.

17) 같은 책, p61

0913 사회비판, 고고학적, 계보학적, 실용주의적 비판의 통일

푸코가 관심 있게 연구한 판옵티콘에서 수형자는 감시를 내면화하면서 자기 자신에 대한 감시자가 된다. 결국 판옵티콘이라는 건축적 감옥구조가 자기 감시를 가능하게 하는 것이다. 신체의 움직임에 습관을 들이게 만들고 규칙을 내면화시키고 결국 스스로를 감시하게 함으로써 권력이 노리는 것은 수형자를 사회 질서에 적합한 법적 주체로 변형시키는 것이지만 이러한 주체는 넓은 의미에서 복종하는 개인, 즉 사회 질서에 복종하는 주체를 말한다.

푸코의 세 가지 축은

첫째, 고고학적 연구, 과학적 경험을 가능하게 하는 근대적 에피스테메의 역사적 등장을 분석한다.

둘째, 계보학적 연구로서, 여기서 푸코는 과학과 결합하여 인간을 분류하고 훈육하고, 표준화하는 근대 권력의 작동방식을 분석한다.

셋째는 윤리학적 연구로서, 여기서 푸코는 인간의 기존의 행위지침에서 벗어나 자기 자신에게 특정한 실존 형태를 부여하는 고대 그리스-로마 시대의 자기 실천을 분석한다.[18]

고고학에서 인간은 단지 인간과학의 대상으로 등장하는 것이 아니라 에피스테메라는 인식질서에 복종함으로써 지식을 생산하는 지식생산의 주체로 등장한다.[19] 마찬가지로 계보학에서 인간은 단지 권력행사의 대상으로 등장하는 것이 아니라 권력에 복종함으로써 행위 수행의 주체가 된다. 그리고 윤리학에서 인간은 스스로를 자기 실천의 대상으로 삼음으로써 동시에 자신의 삶을 형성하는 주권적 주체로 등장한다.

푸코에 따르면 현재 우리 자신의 존재방식은 권력을 통해 작성된 것인데 그 이유는 바로 이 권력이 인간 과학을 토대로 우리 자신을 아무런 대안도 없이 현재의

18) 같은 책, p23

19) 에피스테메(επιστημη): 지식(Knowledge) 또는 과학 (Science)으로 번역되는 희랍어. 특정시대의 사물들의 질서를 부여하여 구별하는 무의식적 인식의 기초를 의미한다. 시대의 과학에서 형성된 관계들의 집합을 의미한다.

존재방식에 묶어두기 때문이다. 이러한 권력은 따라서 우리에게 특정한 정체성을 부여하고, 이러한 정체성을 인간의 참된 존재방식으로 간주하게 만든다는 점에서 "개인화하면서 총체화하는 권력형태"를 말한다.[20)]

정상인은 사회의 완전한 구성원으로서 다른 모든 정상적 구성원들과 함께 동등한 권리를 향유할 뿐만 아니라 이들과 사회적 유대를 형성할 수 있다. 이런 점에서 정상적 인간으로 인정된다는 것은 사실 해당 개인이 한 사회에서 비로소 존재할 수 있도록 보장받는 것이나 다름없다. 종합해서 이야기한다면 개인은 사회적 진위게임을 통해 자신이 어떤 존재이고, 또 어떤 존재이어야 하는지를 알게 되고, 바로 이런 점에서 자신에게 부여되는 사회적 의미 또한 이해하게 된다. 또한 개인은 사회적 진위게임에 대한 복종을 통해 사회의 완전한 구성원으로서의 지위를 보장받음으로써, 자신의 존재에 대한 사회적 보장을 획득한다. 물론 주체화에 대한 푸코의 생각이 이처럼 주체가 되고 정상인이 된다는 사실을 사회의 완전한 구성원으로서의 지위를 획득하게 되는 과정과 결합하는 데까지 발전하지는 않는다.[21)]

이와 관련하여 연계되는 사례로 건축적으로는 8권에서 언급한 소우 후지모토의 '기척의 건축' 을 들 수 있을 것이다. 상대방의 공존함을 인정하고 그에 맞추어 공간을 인식하면서 사는 것과 민주적 대화를 통한 공공성을 성취하는 건축공간을 생각해볼 수 있다. 최근 활발하게 논의되고 있는 '공유주택' , '사회적 주택' , '숲의 개념' 에서의 건축적 실험 등이 타인의 존재를 인정하고 고려하는 공간적 해결을 추구하는 방식이라고 볼 수 있을 것이다. 호네트가 강조하는 희생이라는 덕목과 개념은 자기억압을 통한 사회에 복종하는 개념이고 성공적 삶의 조건은 사랑, 권리, 사회적 연대이다.
종합하자면, 이러한 개념은 현재 활발하게 논의되며 실행되고 있는 공동체와 관련하여 다양한 커뮤니티 혹은 젊은이와 노인들의 공유 주택 문화와 사회적 주택,

20) 같은 책, p33
21) 같은 책, p53

후지모토의 기척의 건축 등이 무시 받지 않고 어울려 살 수 있는 건축문화의 가능성을 사회적으로 실험하는 흐름으로 읽을 수 있다.

호네트의 사유를 건축분야와 관련시켜 생각해보면 어떤 관점으로 재사유할 수 있을 것인가? 그리고 그 사유의 대상과 분야는 어떻게 될 것인가?
동등성과 관련하여 동등하게 존중받을 수 있는 방안은 어떻게 될 것인가의 문제는 동등하게 '건축적으로 현존하는 것은 어떻게 될 수 있을 것인가?' 혹은 '건축적으로 특수성의 동등한 가치는 어떻게 얻을 수 있을 것인가?' 내지는 '각 지역의 역사 및 지역, 자연 기후 등의 가치로부터 인정과 관련된 건축적 요소는 어떻게 받아들일 수 있을 것인가?' 에 대해서도 생각해볼 수 있다.
한편, 호네트의 중요한 문제의식인 '주격 나' 와 '목적격 나' 가 화해하고 화합할 수 있는 방안은 무엇일까? 건축적으로는 주격은 자신이 계획하는 건축물일 것이고 이러한 건축이 주변 콘텍스트(다른 건축물들) 혹은 도시, 단지와 어떻게 화합하고 화해할 수 있을 것인가? 또한 건축물 내에서 어떻게 정당한 정체성(identity를 줄 것인가?), 건축 프로그램의 정당한 배치는 어떻게 이룰 수 있을 것인가? 건축에서 주격 '나' 와 목적격 '나' 의 관계는 어떻게 이룰 수 있을 것인가? 어떻게 배치하고 표현할 수 있을 것인가? 의 문제와 연계하여 사유를 확장시켜 나갈 수 있다. 이처럼 호네트의 사유는 사회에서 갈등요인이 될 수 있는 것들을 인정투쟁의 개념으로 바라보고 그것을 극복할 수 있는 실천적인 방안에 대해서 사유하는데, 이것을 건축물과 콘텍스트와의 관계 및 건축물을 구성하는 프로그램들의 상호관계를 재구성하는 자세로 치환하여 생각해볼 수 있다.

소결

후기구조주의 계열의 담론들은 정파적으로 보면 상당 부분 극좌파의 시각에 기인한 것들이 대부분이다. 그것은 기존의 구조들이 만들어내는 문제점에 대해 집중하여 사유한다. 따라서 그들의 사유는 어떻게 하면 이면에 흐르고 있는 잠재되어 있는 욕망의 힘들을 효과적으로 집중시켜 기존의 공고한 구조를 깨고 올라와 혁명적으로 변혁시키고 새로운 구조로 변화시킬 수 있는가에 관심이 있었다고 할 수 있다. 따라서 5권, 7권, 8권에서 살펴본 바와 같이 해체주의, 생성의 철학으로 대표되는 철학자들의 사유들과 건축가들의 작품경향과 흐름은 기존구조의 틈새를 파괴시키며 비집고 나오는 혹은 흘러나와 새롭게 무언가로 변형되며 전혀 새로운 것을 만드는 조형적, 공간적 힘의 욕동을 긍정했다. 건축분야에서 이러한 경향은 세기말을 기점으로 하여 디지털 툴의 혁명적 변화와 함께 틈새를 뚫고 나와 유동적, 비정형의 건축적 실험을 만들어내는 원동력이 되었다.

그러나 동시대의 사유 중에 프랑크푸르트학파는 후기구조주의적인 흐름을 인식한 상태에서 후기구조주의자들이 집중하는 주제보다는 기존구조의 존재를 인정하고 구조 이면의 다양한 니즈와 욕망을 포용하는 보수적 자세도 포함하고 있다. 그것은 기존 구조를 더욱 세련된 형태로 돋보이게 하며 점진적인 변화를 가져오려고 한다는 점에서 극좌파인 후기구조주의자들과는 다르다. 그것은 엘리트, 보수적, 위로부터의 점진적 개혁 등의 기존구조를 중시하는 가운데 합리적 이성을 바탕으로 다양성을 포용하면서 기존 구조와 화합할 수 있는 방안의 중요성에 대해서 사유한다. 건축 공간구조나 표현특성에 있어서도 이러한 사유의 특성은 전혀 다른 방식으로 접근할 수 있는 가능성이 존재한다. 건축의 기존체계나 공간체계를 더욱 돋보이게 하면서 욕망과 다양한 프로그램 및 표현을 가능하게 하는 방안에 대해 연구하는 것은 현재의 건축적 구성체계를 정반대 방향에서 더욱 풍부하게 할 수 방안으로 대안을 모색하는 것이기 때문이다. 현실의 기반에서 새로운 무언가를 받아들이고 녹여내어 현실적으로 합리적인 공간과 표현체계를 더욱 세련되고 포용할 수 있는 방안은 무조건적으로 파괴하고 전복시키고자 하는 행위나 자세보다는 더욱 책임감 있는 선택일 것이다. 그것은 현실과 산업전반의 기존 가치에 기반을 둔 점진적 변화과정이라고 할 수 있기 때문이다. 이러한 사유는 정치적으로는 상당부분 보수적 가치와 연계된다. 그러나 거시적으로는 점진적 변화라는 '제 3의 길' 을 모색하는 중도좌파의 사유와 연계된다고 할 수 있을 것이다.

1세대 비판이론은 이성의 폐해에 대한 비판을 통해 이성의 점진적 확대를 시도했다. 이는 모더니즘 건축의 폐해에 대한 담론들과 연계된다. 2세대 하버마스의 담론은 주체들과의 '대화' 와 의사소통구조, 공론장, 생활세계 식민지화에 대한 담론 등을 통해 땅(콘텍스트)과의 대화를 중시하는 비판적 지역주의와 6권에서 언급한 공공영역의 담론 및 공공영역의 축소를 새로운 방향성으로 어떻게 변화시켜 나갈 수 있는가와 연계된다. 3세대 호네트의 담론은 주격(나)/목적격(나)의 화해를 어떻게 이룰 것인가? 자아실현의 조건은 어떻게 될 것인가의 화두를 통해 화해와 화합을 내외로 이룰 수 있는 건축적 가치는 무엇일까에 대해서도 함께 집중해야 할 것이다.

독일 도시건축 분야는 계약에 근거한 합리적이고 엄격한 분위기에서 체계적인 힘을 축적시키는 역사와 국민성, 그리고 사유의 특성과 상관관계를 맺으면서 형성되었다. 독일 도시건축은 이러한 경향에 힘입어 다양성이 내포되어 있으면서도 기존구조를 중시하며 점진적인 변화와 함께 기존구조가 새롭게 재편되며 진전되는 양상을 보이고 있다. 독일민족이 보편성 속에 다양성을 포용하면서 동시에 점진적 진보의 역사를 인정하고 수용하는 것을 중요한 가치로 유지시켰던 바와 같이 이러한 특성이 독일 도시건축에도 지속적으로 드러나고 있다고 볼 수 있다. 이제, 당파적으로 극좌파의 방향성과는 다른 특성의 사유를 통하여 새로운 도시, 건축적 가능성과 독일 사회철학의 담론과 관련된 건축적 사유에 대해서 살펴보도록 하자.

PART II
사회비판이론과 연계된 건축담론과 독일 도시건축

0914 1세대 사회비판이론과 건축의 근대성의 명암

합리적 시스템의 강조로 인한 비인간화의 경향이 강화되고 세계 어느 곳에 이식되어도 무방한 국제주의 양식의 모더니즘 계열의 도시 경관과 시스템은 당시의 수준에서 보았을 때 우수한 기술과 문화로 계몽을 해주는 측면이 있지만 동시에 수탈을 진행하는 제국주의적 속성과 유사한 측면이 있는 것이 있다. 그것은 물리적으로는 위생적이고 안전하고 넓은 공간을 경제적으로 빠른 시간 내에 대중에게 제공시켜주는 장점이 있었음에도 불구하고 환경적으로는 끊임없이 펼쳐지는 획일적이고 삭막한 경관의 도시공간을 양산했다. 그것은 결국 여러 가지 폐해를 양산했다. 기능을 최우선의 가치로 만들어지는 건축은 경제적인 프로그램 조닝 위주의 삭막한 공간을 만들면서 지역성을 상실하였고 또한 인간화 된 공간을 망각하게 만들어 전통적인 분위기와 차분한 생활의 공간들이 중심이 되는 생활세계가 망각되는 결과를 초래했다. 그것은 새로운 모더니티로 인해 발전된 시스템으로부터 나온 문명의 이기를 누리고 풍요를 누리면서도 동시에 그러한 편리함의 증대와 함께 옛 가치가 상실됨을 우려하는 것이다. 즉 전통적인 감각과 인간적인 정을 기반으로 하는 생활세계가 시스템에 의해 삭막한 풍경으로 변모하는 것에 대한 도시, 건축의 환경적 문제를 제기하는 것이다.

독일 프랑크푸르트학파의 1세대 사회비판이론을 주도한 철학자들은 시스템화 되어 인간성을 상실하도록 만드는 이성의 결과, 즉 제국주의와 1,2차 세계대전 및

39

40

39. 19c 베를린의 근대화 모습
40. 19c 베를린의 열악한 임대주택전경

자본사회의 비인간화를 비판했으며 자본사회의 효율성과 과학이 최우선시 되는 풍토에서 나오는 사회분위기와 시스템 역시 비판했다. 독일은 근대성을 빠른 시간 내에 세계 최고수준으로 끌어올렸으며 그 힘을 바탕으로 1, 2차 세계대전이라는 잘못된 선택을 하게 되었다. 이로 인해 독일인들은 근대성의 어두운 측면을 뼈저리게 경험과 동시에 국가의 분단과 대립적인 이데올로기의 투쟁의 시간을 감내하게 했다. 그러한 상황에서도 독일은 점진적인 변화와 통합의 과정을 거쳐 결국 통일을 이루어냈다. 도시공간구조와 경관 역시 이러한 과정 속에서 극심한 격동과 변화를 겪었다.

근대 독일은 거대한 임대주택 단지로 구성되어 있는 도시설계의 전통이 유지되어 왔다. 자본시장경제에 의한 자본주의가 접목되어 있지만 사회주의적 특성이 강화된 전체주의적인 다소 경직된 형태의 경관이 주를 이루고 있었다. 당대의 도시건축은 미스의 추상성이 강화된 형태의 디자인과 디테일이 강조된 디자인이 시대적인 모럴이 되었다. 그러나 앞서 언급한 대로 근대 이성의 폐해는 '도구적 이성'의 폐해를 가장 큰 문제로 제시할 수 있을 것이다. 시스템화로 인한 인간의 부품화는 정을 기반으로 하는 인간과 인간의 친밀한 대화보다는 시스템에 필요한 기능적인 의사소통만이 남게 된다. 또한 인간을 대상화하고 도구화하여 '잘 대해주어야 하는' 인격적 대상이라기보다는 어떻게 하면 일정 시간동안 최대한의 생산을 가능하게 할까 하는 도구로서 '다루게 되는' 단점을 보이게 된다. 도시건축 분야로 관심을 확장하게 되면 도시에서는 자본의 집적과 순환을 원활하게 가속화시킬 수 있도록 도시구조가 기능을 원활히 수행해야할 것이다. 따라서 건축물의 기능을 생산시설(공장), 소비시설, 소비를 위한 보조시설(주거, 관공서, 공공시설)등으로 나눌 수 있을 것이다. 원활하게 기능을 수행하기 위해서는 공장과 마찬가지로 주거의 영역도 경제적이면서도 기능적이어야 할 것이다. 자본사회에서는 모든 기능이 생산과 소비를 위해 원활하게 작동하는 측면이 있으므로 도시는 정에 기반을 두는 옛 마을의 구조와는 달리 시스템적이고 삭막한 분위기의 경관과 함

41

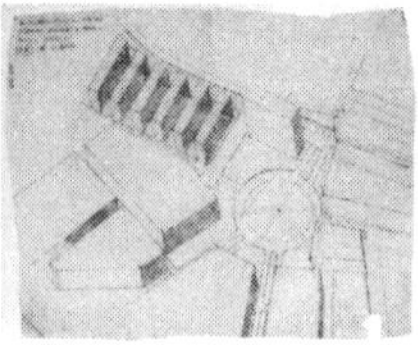

42

께 소비를 쉽게 조장하는 공간구조와 시스템으로 변질되게 된다. 생활세계의 식민지화가 가속화되는 상황에서 대부분의 공간구조는 기계와 같이 비인간적이고 삭막한 시스템으로 구성된다. 근대 생산자의 입장에서 주거는 쉽고 빠르게 접근하여 안전하고 위생적으로 휴식할 수 있는 내일의 생산을 위한 휴식공간일 따름이다. 취향보다는 값싼 재료로 대규모의 공간을 빠르게 지을 수 있는 모더니즘 미학이 발전한데에는 전후 복구 시기에 폭발적인 인구증가와 생산증가에 따른 시급한 시대적 공간확충의 요구를 맞추기 위한 모럴이기도 했기 때문이다.

모더니즘 건축의 4대 거장 중 한명이자 독일인인 미스 반 데어 로에의 건축의 특징은 보편공간과 무균질 공간이다. 그의 공간은 다양한 장면의 공간경험을 위해 변주를 만들어내는 르 코르뷔지에와는 대척점에 있다고 볼 수 있다.

김광현 교수는 미스의 베를린 AlexanderPlatz 설계경기에서 제안된 계획을 다음과 같이 표현하고 있다.
"이 확장계획에서 포토몽타주를 별로 주목하지 않고 보면 제일 먼저 드는 생각은 그저 그렇다 못해 무슨 계획을 이렇게 '허하게' 만들었나 싶은 것이다. 그런데도 한 동안 들여다보고 있으면 알아차리도록 다가오는 것이 있다. 건물이라는 물질이고 건물을 둘러싸는 표피는 유리와 철골이라는 물질이며, 같은 시스템을 가진 건물의 배열로 만들어진 도시의 바닥이 광장이라는 물질이다. 따라서 이 계획은 상징도 없고 사람도 없이 물질로만 구성된 공간이다. 미스는 이런 방식으로 입방체의 볼륨을 갖는 건물들을 광장으로 만드는 것이었다."22)

41. 미스의 베를린 Alexanderplatz 마스터플랜 설계경기, 1928
42. 미스의 베를린 Alexanderplatz 가로변 투시도, 1928

22) 김광현, 도시와풍경, 건축강의10, 안그라픽스, 2018, p67

새로운 시대정신의 건축을 미스가 구현한 점에 있어서는 훌륭하게 평가받아 마땅하지만 생활세계의 식민화 역시 피할 수 없는 당시 시대정신의 일부였기 때문이다.

20세기에 이르러 경제적 사회적 지위가 향상된 대중들은 자신의 주거와 건축물의 내, 외부 공간에 있어서 새로운 생활의 질적 향상을 원했다. 합리적인 기능분리나 표준화된 주택들을 대량 공급했던 국제주의 양식의 모더니즘 도시, 건축은 가로의 개별적이 특성을 파괴했고 복잡한 생활의 질서를 획일화하여 단순하게 만들었다. 상처와 파괴가 치유되지 못하고 기능적으로만 다루어진 도시는 이내 많은 문제점을 보인 반면에, 대중들은 각각의 취향과 회고적인 옛 가로와 마을의 분위기와 정취를 원했다.

43

힐베르자이머가 제안한 거대도시 건축은 Wohn stadt project로부터 1924년 Hochhausstadt, 1927년 Grossdtadt architecture, 1928 Berlin Project, 1930년 project for the construction of city등에서 지속적으로 나타난다. 그는 기계적으로 복제된 유닛이 무한 반복 증식되며 도시규모로 확장되는 계획안을 선보였다. 그것은 철저하게 자본의 작동원리 즉, 내일의 대량생산을 위한 노동자의 대량 휴식처로서의 기능을 철저하게 만족시키는 경제적, 기술적 해결책이었다. 즉, 자본주의 도시를 위한 해결책에 대한 디스토피아의 개념을 제시한 것이었다. 앞서 언급한 미스의 단지계획 및 힐베르자이머의 도시계획은 근대의 속성과 자본으로의 이행기에 있었던 시대정신을 가감 없이 반영하여 제시한 것이었고, 그러한 추상적인 속성은 우리나라 아파트 개발 역사에 있어서도 유사한 형태로 등장해왔다. 한국에서는 부정적 측면보다는 근대성의 유토

43. 힐베르자이머 도시이미지

피아적 특성을 너무 낙관한 측면이 있다. 그의 작업이 역설적인 이미지를 통해 경각심을 주고자 했음에도 우리나라에서는 그의 이미지가 선진국의 계획으로 오인하고 신도시 아파트 공화국의 결과로 나타난 것은 역사의 아이러니이다. 역설적으로 그의 작업은 주거부분의 현대성의 폐해를 추상적으로 제시함으로써 새로운 대안으로서의 주거를 다시 생각하도록 만드는 힘이 있다. 자본의 순환을 최우선으로 하는 욕망이 생산시설이 아닌 주거부문까지 삭막한 생산을 위한 휴식 시스템화(베드타운) 시키며 생활세계를 식민화 하는 양상을 보인 것이었다.

생활세계의 식민화 현상은 소비 공간에서도 나타난다. 포스트모더니즘 공간과 도시 경관은 소비를 가속화하기 위해 기능적 공간구조는 자체적으로 진화하고 외피만 대중들의 친숙한 이미지로 감싸 우리를 둘러싼 소비 공간을 내부화 하여 테마파크화 하고 있다. 다채로운 색과 행위가 있는 것 같지만 각 공간은 소비를 촉진시키는 분위기와 이미지들로 채워지고 공간 자체는 더욱 기능화되었다. 각 소비 공간은 수평으로 수직으로 확장되어 거대화되면서 대중들은 소비환경에 길들여지고 장시간 노출되면서 합리적 소비를 불가능하게 하고 소비심리를 부추기는 방향으로 디자인되고 있다. 올바른 의사소통과 관련해서 도시는 다채로운 경관 및 프로그램과 열린 공간이 펼쳐져 있는 것 같지만 오늘날 토론과 공론이 일어날 수 있는 공간은 오히려 줄어들고 있으며 합리적 의사소통의 공간마저 침식되고 있다. 아도르노가 절망한 것은 이러한 상황이 극도로 발전하고 있던 미국의 자본주의 상황과 환경이었던 것이다. 프랑크푸르트학파 1세대의 사회비판이론과 함께 단점으로 지적되어 온 실질적인 부분과 도시부문의 물리적 환경 분야의 해결방안이 절실하게 필요한 것이다.

0915 비판적 지역주의, 콘텍스트와의 '대화'

2세대 하버마스는 의사소통이론을 통해 올바른 '대화' 의 조건과 관련하여 비판이론의 실질적인 해결방안을 모색했다. 그는 근대 이성의 폐해인 대상화와 도구적 이성을 극복하기 위해서 우리는 올바른 대화를 통해 상대방의 처지를 이해하고 사회적 합의와 타협을 이끌어내고자 했다. 건축과 관련하여 하버마스의 사유는 건축물과 지역성과의 올바른 대화로 생각해볼 수 있고 건축가의 일방적인 계획의 제시가 아니라 지역주민과의 소통을 통한 계획의 점진적 진행도 생각해볼 수 있다. 이러한 지역성과 지역주민과의 소통과 대화가 결국은 대상화되어 일방적인 제시로 인해 소외 혹은 무시되거나 배제되는 폐해를 극복할 수 있는 방안이 될 수 있을 것이다. 비판적 지역주의는 지역성, 콘텍스트와의 올바른 대화를 통해 비판적으로 수용하면서 조화되지만 긴장을 부여하는 새로움을 제시하는 건축의 흐름이 되었다.

80년대에 새롭게 언급되기 시작했던 비판적 지역주의는 건축비평가인 케네스 프램톤이 주도적으로 논하였던 담론이다. 비판적 지역주의는 모더니즘과 지역주의를 창조적으로 재해석하고 융합하여 재창조하자는 움직임으로 정의 할 수 있다. 건축분야에서 비판적 지역주의의 흐름은 지역적 가치와 외부적인 모더니티를 적극적으로 반영함으로써 점진적으로 성장할 수 있다는 주장을 한다. 비판적 지역주의는 컨텍스트상의 전통적 경관에 안주하는 것을 거부하고 전통적 경관에 기본을 두지만 "낯설게 하기"를 통해 친숙하면서도 새로운 경관을 만들어내는 것을 기본으로 한다. 다시 말해 현대적인 감각으로 옛것을 차용한다는 것이다.

케네스 프램톤이 의미하는 비판적 지역주의의 입장은

1. 현대화에 대해 비판적 입장이나 실제 디자인 작업에 있어서 현대 건축의 진보적이고 해방적인 측면은 수용하며 대규모 계획보다 소규모 계획에 비중을 둔다
2. 건축을 독립적 대상이 아닌 대지나 주변 환경과의 유기적 관계에서 인식하고자 한다.
3. 새롭게 구축된 환경을 배경 화법으로 변형시키기 보다는 건축을 구축적 사실로서 인정한다.

44. 케네스 프램톤

4. 건축이 놓이는 대지의 형상에서부터 건축에 그 지역의 빛을 다양하게 연출하는 것에 이르기 까지 대지의 독특한 인자를 반영한다.
5. 시각적 효과뿐만 아니라 다양한 조명, 열, 냉기, 습도, 공기흐름의 순화, 마감재 등에 생겨난 여러 가지 감촉 등과 같은 보조적 지각 현상에 따른 촉각적 요소를 건축디자인에 반영한다.
6. 지역 풍토의 감각적 모방에 대립하여 재해석된 풍토적 요소를 전체 내의 분리적 요소로서 삽입한다.
7. 보편적인 문명의 충격을 피할 수 있는 대안은 여러 가지 문화적 틈새에서 번영하는 것들이다.

등으로 요약할 수 있다.[23]

비판적 지역주의의의 지역성은 모더니즘 내에서 재료적 측면, 주변 환경, 그리고 지역의 형태와 같은 파편화된 요소 등을 통해 부분적으로 표현되어 나타난다. 비판적 지역주의의 건축적 표현기법은 모더니즘의 공통적인 특성의 순수하고 미니멀리즘적인 형태에 가까운 추상적 표현을 즐겨 사용한다. 이것은 어느 정도 주위의 컨텍스트와 순응하는 매스지만 전체적인 분위기 자체는 낯선 감정을 들게 만든다. 단순히 유형으로 침잠하면 그것은 유형에 동일화되는 것이지만 유형을 동시대의 감각으로 낯설게 만들면 그것은 반복되는 것 같은 느낌으로 되돌아와 현재의 감성에 적합하게 조화를 이루게 된다. 그것은 차이가 있는 것이 반복이 된다는 들뢰즈의 개념과 유사하다.[24] 기존 유형과 유사하면서 현대성을 가미한 발전적인 긴장감이 유지될 때 오랫동안 형성된 지역성을 존중하면서 앞으로 나아갈 수 있는 디자인을 제시하는 것이 될 것이다.

45

23) K. Frampton, 현대건축사(2), 정영철 · 윤재희 역, 세진사, 1990, pp.598-600

24) 들뢰즈에게 반복은 다양한 강도의 지각을 통한 차이를 발견해나가는 과정이다. 들뢰즈에게 차이는 반복에 의해서 만들어진다는 개념이다. 강도의 차이에 따라 들뢰즈는 반복이 이루어진다고 보았다.

45. Charles Correa, 비판적 지역주의 건축 이미지

이처럼 콘텍스트와의 '올바른' 대화는 기존 콘텍스트라는 기득권 혹은 가부장적인 권위에 속박되어 동일화되는 것이 아니라 동등한 자격과 위치에서 올바르게 대화한다는 것이다. 달리 말해 옛것과 현재의 것을 동시에 존중하면서 대화와 타협을 통해 올바른 접점을 만들어나간다는 측면으로 생각할 수 있을 것이다.

0916 근대성과 지역성의 상호 '대화' 하는 자율성과 패턴언어 개념

비판적 지역주의와 함께 포스트모더니즘 담론이 활발하게 논의되던 시기에 건축의 자율성의 개념과 패턴언어에 대한 개념이 등장했다. 두 개념 모두 국제주의 양식으로 대변되는 모더니즘 건축의 무미건조하고 지역성을 배제한 현대건축원리(국제주의 건축 5원칙)를 세계에 동일하게 이식시키며 나타났던 폐해를 극복하고자 하는 의도에서 나온 것이다. 이러한 개념들 모두 모더니즘 건축이 등한시 했던 지역성 및 콘텍스트와의 대화 혹은 지역주민과의 건설적 대화를 통해 지역과 콘텍스트에 적합한 건축계획을 진행시켜 나가기 위한 고민으로부터 나온 것이다.

4권에서 살펴본 바와 같이 건축의 포스트모더니즘은 대중에게 친숙한 기억과 이미지를 건축어휘로서 현대건축의 외부형태에 차용하여 회고적 분위기를 찾는 대중들의 니즈를 만족시켰다. 긍정적으로 보면 포스트모더니즘 건축은 대중과 소통한다는 점에서 친숙한 외피의 이미지로 대중과 대화(소통)하는 것이라고 할 수 있다. 포스트모더니즘 건축이 단순히 이미지와 건축어휘에 한정하여 자본의 소비를 위한 도구로 전락해서 빠르게 소멸한 것과는 달리 지역성을 동시대의 관점에서 새롭게 해석해서 긴장과 조화를 만들어내는 담론과 방법론은 지속적으로 논의될 수 있는 주제이다.

자율성 개념은 구조주의 건축경향이 활발하게 담론화되고 작품으로 나타나던 70년대 중후반 이후에 등장한 개념으로서, 독일건축가로는 웅거스가 활발하게 담론화했던 개념이다. 그들은 모더니즘의 건축어휘를 충분히 사용하면서도 지역성을

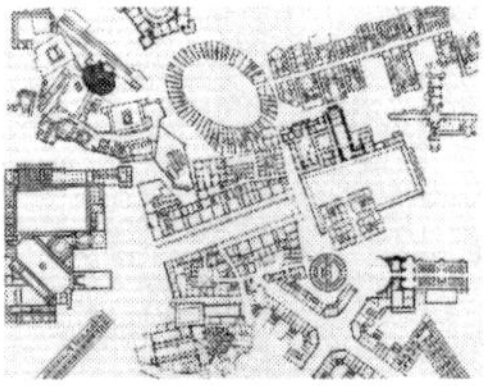
46

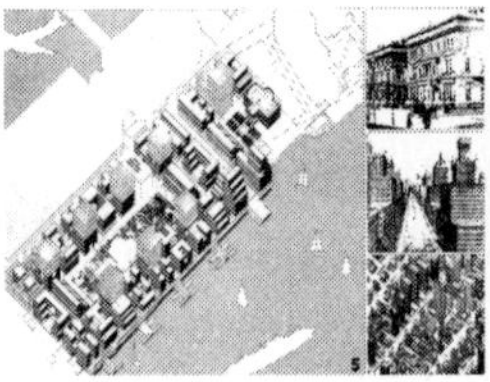
47

48

느낄 수 있는 형태구조를 추출하여 동시대적 감성을 접목하여 변형하거나 증폭, 증식, 콜라주시키는 방법을 적절하게 사용한다. 그 계획을 바라보는 지역의 대중은 그 지역에서 오랫동안 보았던 단순한 외피와 유사하면서도 새로운 형태구조와 공간구조를 동시에 느끼게 되고 편안한 가운데 새로운 감정을 느끼고 공간을 향유할 수 있게 될 것이다. 자율성은 칸트 및 아도르노가 강조한 개념으로, 아도르노의 경우 동일성으로 포획하고자 하는 주체중심의 이성관으로는 감성을 중심으로 하는 창조적 비동일성이 드러나기 힘들다는 사실을 강조하면서 비동일성을 드러내는 자율성이 강조된 창조적 작업이 중요함을 역설했다. 그는 주체만을 중심으로 하는 것을 배격하고 주체와 객체와의 짜임관계에서 객체를 우위에 두는 사고로 비동일성이 드러나도록 하는 것이 중요하다고 보았다. 즉, 주체와 객체의 짜임을 중시하는 것이다. 1970-80년대의 자율성의 개념은 지역성 및 콘텍스트를 존중하면서 대화를 하며 동시에 건축가의 창조성을 가미하여 조화를 이루어가는 방법론으로 중요하게 논의되었다. 자율성 개념과 방법론은 발달된 건축구축 방법론과 지역성 및 콘텍스트와 대화를 통해 옛것과 새것의 대화방식이 될 수 있는 개념이다. 다시 말해 '자율성' 의 개념을 통해 지역과의 대화와 함께 합리성을 중심으로 하는 이상적 창조성을 접목시키면서 지역 콘텍스트로 포섭되고자 하는 동일성을 극복하고자 하는 것이다.

합리적 이성과 효율성이 최우선시 될 때 일상의 감각과 세심한 감정이 무시되는 생활세계의 식민화의 폐해를 경험하게 된다. 우리는 이를 극복하기 위해서 새로

46. Colin Rowe, Collage City
47. Ungers-Roosevelt-Island
48. Rob Krier 헤이그 복합개발

운 지역주의 및 전통적 감각을 중시하게 된다. 그래서 철학의 흐름은 현상학 이후 구조주의가 등장하는데 반해, 건축에서는 구조주의 이후 현상학적 관심이 대두되는 경향이 발생했다.

크리스토퍼 알렉산더의 패턴 언어는 또한 지역성과 새로운 건축구축방법론의 대화가 될 수 있는 방법론이다. 건축가는 그 지역에 어울리는 주거 및 건축물의 각 요소(문, 창, 지붕, 포티코 등 구성요소)들의 감성적 특성까지도 분석하여 라이브러리화시키고 각 요소들을 적절하게 조합하고 변형하면서 동시대에 가장 적합한 모델을 만들어 제시하게 된다. 물론, 조합하는 과정 자체가 건축가의 일방적인 의지와 미적 감각이 주관적으로 개입될 수 있으므로, 후기에는 이러한 과정에 지역주민들과의 대화, 공청회 등의 소통방식을 추가하여 단점을 보완하고자 했다.

이런 측면에서 자율성 개념과 패턴언어는 건축물의 공간과 경관을 계획할 때 기존의 기능주의 디자인의 폐해를 극복하고 지역성과 대화할 수 있는 방법론으로서 의미가 있다.

0917 사회적 공감대와 공론의 장으로서의 건축공간

–하버마스 공론장의 역사와 특성

하버마스의 공론장 개념이 있다. 공론은 여론 혹은 공론이라는 단어는 누군가의 의견이 판단능력을 갖춘 공중의 논의라는 점과 관련하여 18세기에 처음으로 사용되었다. 따라서 공론은 의견opinion과는 다른 의미로, 다른 사람의 의견에 대한 존중이 뒷받침 된다는 것이 중요하다. 공론장은 공중으로서 모인 개인들의 공간"이라는 의미로 하버마스가 사용한 것이다. 보편성의 의미를 갖는 공(公)의 개념을 "공간"으로 개념화한 것이 공론장이다. 이 공간은 사회적 공론장에 있는 개인들이 사회적 · 공적인 문제를 합리적 · 비판적으로 토론하여 정치적 · 문화적 여

49

50

론을 형성하는 영역을 의미한다. 즉, 이성에 입각한 토론을 통해 사회 전체에 통용되는 규범과 가치에 대해 합의하는 공간이다.

역사상 대표적인 공론장으로 아고라와, 포룸 등이 있다. 아고라는 고대 그리스의 도시국가인 폴리스에 형성된 광장으로 민회와 재판, 상업, 사교 등의 다양한 활동을 하였다. 아고라는 시장의 기능뿐 아니라 정치, 경제, 사회, 문화 등 시민들의 일상생활에 중심이 되면서 '사람이 모이는 곳(시장)' 이나 '사람들의 모임' 자체를 뜻하게 되었다. 포룸은 고대 로마의 공공광장으로 공공 건축물에 둘러싸여 그리스의 아고라와 같이 집회장이나 시장으로 사용되었다. 시민들이 모여 자유롭게 연설, 토론을 하는 장소였으며, 오늘날 자유토론으로 청중과 토론자간에 활발한 의견개진과 충돌 · 합의가 이루어지는 공간이 '포럼' 이다. 현대사회의 공론장은 시대의 변화에 따라 공론의 형성에 대한 패러다임도 변화했다. 현대인의 라이프스타일의 변화에 따라 사이버공간은 새로운 공론장의 역할을 하고 있다. 그 예로 카페, 블로그, SNS 등의 매스미디어를 들 수 있다.

하버마스의 저서 『공론장의 구조변동』(1989)에서 그는 공론장을 이성을 공적으로 사용해야 한다고 전제하고 모든 시민들이 아무런 제한 없이 자유롭게 토론에 참여함으로써 공공의 이익과 관련된 문제들을 논의하고 여론을 형성하는 사회적 삶의 한 영역이 되어야 한다고 강조했다. 하버마스의 관심과 내용은 실로 다양한

49. 고대 그리스 아고라 이미지
50. 로마 포룸

학문분야가 연계되는 담론분야이기에 많은 관심과 논란이 증폭되었다. 이후 그의 논의는 인터넷을 통한 대중의 참여와 인터넷 문화 등의 사회발전과 더불어 더욱 중요한 담론이 되었다.

—이상적 공론장의 형태, '부르주아 공론장'

공론장 개념은 16세기의 상업자본주의와 무역의 발달과 함께 유럽에서 발생했다. 절대왕정이 무너지고 근대국가가 형성되기 시작하던 무렵, '공적 권위'가 더 이상 시민들과 무관하게 분리되어 지위를 상실하게 된다. 이에 부당한 절대왕권의 강제력(세금탈취)에 대항한 시민들이 주체가 되어 시민사회의 형성을 위해 국가와 시민사회를 매개하는 영역으로의 '공론장'을 형성했다. 또한 부르주아 계급은 정확한 정보의 전달 및 공론형성을 선도하는 정보전달 매체로 신문의 기능을 활성화시켰다. 하버마스는 '부르주아 공론장' 성립을 위한 세 가지 조건이 있다고 보는데, 그 세 가지는 보편적 접근가능성, 모든 특권 제거, 보편적 규범과 합리적 정당화 등을 주장했다. 공론장 공간과 관련하여 근대의 부르주아 공론장의 대표적인 세 가지 유형이 있는데 그것은 프랑스의 살롱과 영국의 커피하우스, 그리고 독일의 만찬회였다. 살롱은 17세기 프랑스 상류사회에서 성행되던 귀족과 문인들의 정기적인 사교모임으로 19세기에 부르주아 계급으로 확대되었으며, 그들은 궁정과 귀족계층과 동등한 위치에서 정치, 철학, 과학, 예술 등을 토론하였다. 영국의 커피하우스는 17~18세기 귀족과 지식인들의 문예적, 정치적 토론모임으로 귀족, 부르주아지식인, 수공업자, 상인 등 자유로운 참가가 가능했다. 이는 문예적 논의에서 경제, 정치적 논의로 확장되었다. 독일의 만찬회는 18세기 초반 절대주의적 정치영역을 반대하는 귀족, 시민들의 비밀결사로 시작되었다. 18세기 중반에 이르러 모임이 공개적 협회로 확대되고, 기존 궁정을 비판하는 성향을 보인다.

—공론장의 구조변동

역사적으로 공론장은 자본주의 발전과 함께 분리되기 시작한 국가와 시민사회 사이에 존재하는 하나의 사회영역으로 등장하고, 이 영역 안에서 개인들은 정치적 공론장, 곧 공중으로 변화하여 이른바 여론을 형성하게 된다. 근대적 공론장은 민주적 여론정치의 기능을 수행하는 시민의 정치적 참여 통로로서의 의미를 가지게 되었다. 근대사회가 진행되면서 국가와 시민사회의 재결합이 발생했으며, 이 과정에서 공론장이 갖고 있는 정치 사회적 역할이 약화됨으로써 공론장의 이른바 '재봉건화'가 이루어졌다. 이 때 사회적 개인들은 비판적 청중으로 조직화 되지 못하고 국가의 정치적 조작에 예속되었다. 즉, 공론장을 매개로 시민사회와 생산적으로 소통해 온 근대의 민주주의가 한계에 직면하게 되었다는 것이다.

정치 영역이 독자성을 잃고 사적 이익과 국가적 개입의 양 방향에 의해 침식당한 것이 현대정치문제의 근본적인 원인이 되고 있다고 하버마스는 진단한다. 그는 일반시민의 활발한 정치참여가 보장되고 건전한 이성에 입각한 합리적 토론을 통해 공론이 형성되어야 한다고 보고, 이를 가능하게 하는 시스템으로서 공론장 개념을 발전시켰다. 그는 고대 그리스의 아고라와 같은 시민들의 활발한 정치 참여 및 건전한 의사소통에 의거한 도시공동체의 합리적 운영 등에서 공론장 개념의 원형을 찾고자 했다. 공론장은 사적개인들이 모여 자신의 의견과 신념을 교류하며 토론과 합의를 통해 이성을 발현시키는 공간으로, 공적 영역과 사적영역의 중간에 위치하여 이곳에 속한 개인들은 각 개별의 논의를 통해 '의사소통적 합리성'을 공적 영역에서 실현시킨다. 그러나 현대 대중사회의 특징은 사생활 중심주의, 정치적 무관심 등으로 인해 정치가의 엘리트주의에 의한 대중조작이 확대되어 공론이 급격히 왜곡되고 축소되는 문제가 발생하고 있다.

—공론장으로서의 건축공간

공론장 담론과 연계되는 건축부분으로, 광장은 시민 누구나 이용할 수 있는 대표적

51

52

인 공공의 공간이며 광장을 중심으로 도시공간이 발달해 나간 서양의 경우, 광장이 대화와 토론의 마당이자 화합의 장소이자 민주사회를 건설하는 터전이 되었다.
대한민국의 대표적인 광장인 광화문 광장은 대중에게 공연이나 축제를 보여주거나, 권력자의 권위를 세우는데 사용되어 왔다. 한국 건축가들이 뽑은 최악의 건축 1위로 '광화문 광장' 이 선정된 바 있다. 한국사회에서 광장이 제대로 그 역할을 한 최초사례는 4.19혁명이며, 촛불 시민혁명으로 광장 민주주의 실현 '공공영역으로서의, 공론장으로서의 건축 공간은 열린사회, 열린 공간이 되어야 할 것이다. 삶의 미시적, 거시적 영역을 확장하는 긍정적인 역할이 될 수 있도록 고민해야 할 것이다.

오늘날 광장의 문제점은 시민에게 혜택을 준다는 미명하에 열린사회로서의 공론장으로서의 역할을 축소하거나 아예 행위자체를 하지 못하게끔 교묘한 공간적 방법론이 사용되고 있다.
여의도광장은 박정희 군사정권시기에 5.16광장으로 오랜 시간 국군의 날 등의 국가의 행사나 대규모 집회가 열리는 곳이었고 대규모 정치유세가 있었던 곳이다.
여의도광장의 경우 대규모 수목공간으로 탈바꿈했다. 변화에 대해 호불호의 평가가 있지만 어쨌든 대규모의 행사나 대중과의 소통은 변화 이후 자취를 감추게 되었다. 또 다른 사례로 홍익대학교 광장의 사례를 살펴보자. 홍익대학교 정문을 지나 와우관 앞에는 2000년대 초반까지 꽤 넓은 광장이 있었다. 이곳은 많은 학생

51. 광화문 국제설계공모 당선작
52. 광화문 광장

들이 모이면서 집회를 열 수 있는 공간이었으며 실제로 여러 가지 형태의 시위와 집회 혹은 의사소통의 장이었다. 그러나 2005년 즈음 이 광장은 수목공간으로 탈바꿈 되었다. 수목공간과 함께 벤치 등의 휴식공간을 부여함으로써 일부 학생들의 여유로운 공간으로 바뀌었으나 집회와 시위와 학생 및 대중과의 소통은 사라지고 말았다는 평가를 내린다.

하버마스는 조직적 공론장을 통한 공식적 의사소통 속에 사적 개인들의 참여를 통해서만 가능하다고 생각했다. 각 집단내의 의사소통의 활성화와 국가 및 사회제도로부터 집단 간의 상호 견제가 보장될 때, 사회?정치권력의 합리적 재조직화가 가능하다는 것이다. 공공공간은 자유롭고 평등한 시민들이 정치적인 이슈에 관해 사고 할 수 있는 공간이다. 우리가 공공공간이라 생각하는 테마공원, 쇼핑몰, 축제 장터 등은 사적 영역의 커뮤니티 공간이다. 쇼핑몰과 같은 사적영역은 어떠한 종류의 정치적, 사회적 행위도 불법으로 허락되지 않는다. 현대인은 국가와 상업적 영역이 합작한 소비적 공간에 노출되었으며, 이런 기만적 공간에서 시민들은 관리와 통제를 받으며 주체성을 상실하고 개인들은 무력화되었다. 6권에 살펴보았던 건축적 내용은 마르쿠제의 '일차원적 사회와 인간' 과 연계된다.

그는 선진산업사회는 생산성, 효율성의 논리가 지배하고 있으며 물질적 풍요를 기반으로 한 사회적 통제에 의해 비판적 의식이 사라지고 체제 순응적 태도가 확산되고 있는 것에 주목했다. 그는 주어진 목표를 효과적으로 달성하기 위한 수단에만 관심을 기울이는 기술적, 도구적 합리성이 지배하고 있으며 물질적 풍요와 획일적 대중문화의 확산과 실증주의가 확산되어 결과적으로 '일차원적 인간' 을 양산하고 있는 문화현상에 대해서 비판했다.

쇼핑몰과 같이 커뮤니티 공간의 예를 통해 불특정 다수의 대중이 사용하는 넓은 공간이 공공공간으로 착각되는 사적영역으로의 공용공간이 문제가 되는 것을 알 수 있다. 쇼핑몰과 같은 시설에서 공용공간을 소유한 쪽이 관리의 의무만 가지는 열린 공공공간으로 시민들에게 제공된다면 사적영역과 조화를 이루는 커뮤니티 공간이 될 수 있지 않을까? 혹은 공개용지의 인센티브를 주는 제도를 활용하여 공개공지를 많은 사람들이 이용할 수 있는 저렴한 공공의 카페를 만들어 지역주민에게 열린 편안하게 이용할 수 있는 준 공공재의 시설로 이용하는 것도 하나의 방안이다. 물론 건축제한, 법적 면적 등 사적영역의 피해 방지를 위한 어느 정도의 제한은 필요할 것이다.

공론장의 물리적 공간으로는 도시에서 광장과 공원, 거리, 재래시장, 극장 박물관 등과 같은 공공기능이 있는 공간이다. 공론장은 비물리적 공간으로 방송 및 라디로, 웹사이트website, 블로그, 포럼Forum등 과 같이 실물로서 보이지 않는 공간이다. 하버마스가 지향하는 토의 민주주의는 활성화되고 성숙된 시민사회의 공론과 제도화된 의회의 상호작용을 통해서 발전되는 민주주의를 지향한다고 할 수 있다.' 공론장의 개념을 경제적인 시각에서 보면 공론장은 '사적인 재산' 과 '공적인 재산' 에 관련하며 '공적인 상품' 과 '공적인 재정' , '시장' 등 과 같은 경제개념을 통해 알아 볼 수 있다. 물리적 특성과 연계된 공론장의 질質은 어떠한 요소에 영향을 받는가? 세 가지를 들 수 있을 것인데, 모든 사람을 쉽게 접근할 수 있도록 조직할 수 있는 접근성과 이민의 자유성과 자주성 등이 보장되는 자유성, 사회계급, 성별, 연령차별 없이 참가 가능한 무차별이 공론장의 질을 결정한다고 할 수 있다.

결론적으로, 광장은 빈부의 격차나 직위 고하를 막론하고 시민 누구나 이용할 수 있는 대표적인 공공의 공간이다. 서양의 도시는 광장을 중심으로 발달해 나간 경우가 많다. 고대 그리스에서는 광장이 대화와 토론의 마당이자 화합의 장소로 기능했으며, 고대 민주사회를 건설하는 터전이 되었다. 그러나 우리나라에서 광장은 대중에게 공연이나 축제를 보여주거나 절대 권력자의 권위를 과시하는 장소로 이용되었다. 우리나라에서 전태일 열사의 평화시장 입구 분신사건은 노동 운동을 확산 시켰으며, 시민들이 광장으로 몰려나왔다. 우리나라에서 가장 유명한 시청 앞 광장은 4.19혁명, 한일회담 반대시위, 6월 민주화 운동에 이르기 까지 시민들의 대표적 공론장을 형성하였다. 한편, 2002년 한일월드컵, 2010년 천안함 합동분양소, 세월호 합동분양소 까지 정치?사회적 공론장으로서 특정 집단이 아닌 시민들의 참여의 공간으로서 전 세계적으로 주목을 받은 '광장 문화' 를 만들어가고 있다. 소셜 네트워크의 발달로 인해 광장으로 대표되는 공론장의 역할이 점점 온라인상으로 넘어가고 있다. 온라인 공론장은 보수와 진보 논쟁의 최전선인 특정 웹사이트에서 활성화되는 정치사회적 집단화가 진행되면서 정확하지 않은 음모론적 선동, 이성적이지 않은 폭력성, 집단 또는 개인 이기주의가 확대되고 있으며, 이런 문제는 현실 정치?사회적으로 영향을 주고 있다.

–공공공간의 축소와 커뮤니티 공간의 문제

건축에서 일반적으로 생각하는 공공공간은 사회적 공간, 공적인 공간이나 장소, 주로 공원, 광장, 도서관, 문화센터 또는 상업공간의 통로등을 지칭한다. 모든 사람들이 쉽게 접근할 수 있는 공간 즉, 커뮤니티 스페이스(community space)라고 부를 때도 있다. 이러한 두 가지 개념에 대해서 정확하게 인식하고 있어야 할 필요가 있다. 여기에서 우리는 공적공간(public sphere)과 커뮤니티 공간(community space)의 개념에 대해 명확하게 인식하기 위하여 공간지에서 특집으로 제작한 조명래 교수와 유걸 건축가와의 대담을 살펴볼 필요가 있다.

53

53. 일산 밀레니엄 커뮤니티센터(벧엘교회 전경 및 내부)

유걸은 일산의 밀레니엄 커뮤니티 센터(벧엘 교회)를 완공한 이후 일련의 유걸 작품 특집을 통해 조명래와 대담을 가졌는데 여기에서 우리는 공적 영역에 대한 도시사회학자인 조명래와 건축가의 개념차이를 명백하게 느낄 수 있다. 유걸은 밀레니엄 교회에서 양측에 구조와 일체화된 코어를 두고 중앙부분을 크게 비워놓은 후 6층에 교회 집회공간을 계획하고 하층부를 마치 렘 콜하스의 ZKM이나 파리 국립도서관과 유사한 다양한 공간들이 교차하도록 계획했다.

유걸의 사무소 아이아크의 홈페이지에 올라있는 계획안의 설명은 다음과 같다.
(생략)...이 경사면을 따라 램프가 올라가고 이 램프 주위 는 실내 조경이 된다. 램프와 조경으로 처리되는 부분 외의 남은 부분은 계단식으로 처리 되어 노천극장과 같은 다목적 공연장 또는 휴식처로 이용하게 한다. 이 경사면 공간은 노천극장과 램프사이에 있는 세 개의 기둥을 제외하고는 무주공간이라고 할 수 있고, 그 위 에 역시 비스듬히 떠있는, 건너편 공간으로 연결하는 두 개의 브리지가 매달려 있다. 건물의 외곽을 따라 3m폭으로 공간이 돌아가는데 이것은 3m폭의 구조물이 되어 60m정도 중앙부분을 가로 지르는 구조물을 지지하게 된다. 아울러 이 공간은 계단, 엘리베이터, 덕트 등의 서비스 공간으로 사용되고 건축적으로는 외곽에 두개의 면을 만들어 건물 표면 의 변화가 입체적이 되게 하고 있다. 고층화되어 있는 고밀도의 공간을 여유 있는 개방된 공간으로 만드는 것과 수직적인 층간이라고 할 수 있는 건물의 내부를 환기나 조명 그리고 조경에 이르기까지 자연환경과 같이 만드는 것이 밀레니엄 커뮤니티 센터의 설계 목표인 것이었다. (중략)...서울의 많은 건물들이, 공공문화시설까지도 시민들에게 친절하게 열려있지 않은 것을 많이 본다. 밀레니엄 커뮤니티 센터는 도시의 한복판에서 시민들에게 그리고 지나다니는 보행자들에게 온전히 열려있어 누구나 그리고 언제나 드나들 수 있어서 도시광장을 건물내부에 갖고 있는 건물이다.

54

설명과 같이 주목할 만한 것은 1층부에 외부에서 진입하여 다양한 이벤트와 행위가 일어날 수 있는 계단식(캐스케이드) 열린 공간을 두어 지역사회에 열린 교회가 되기를 기원하며 계획한 부분이었다. 예배가 있는 주말이 되면 1층부의 폴더식 창들이 열리고 이 공간은 외부로부터 다양한 사람들이 유입되면서 다양한 문화와 집회의 이벤트를 경험하고 종교적 생활도 경험할 수 있는 열린 공간이 될 것이다. 또한 1층 로비에 진입하면 6층 집회공간(대예배실)까지 한 번에 오를 수 있는 에스컬레이터를 만날 수 있다.

그러나 1층 로비에 시민에게 열린 공간으로 계획된 부분이 평일에도 이렇게 열려 있는 공간일까? 만약 이 공간에서 목사와 교회를 비판하는 세력이 집회와 시위를 한다면 어떻게 될까? 실제로 이 열린 공간은 얼마 되지 않아 유리벽이 세워지고 예배를 위한 외부 집회가 열릴 수 있는 닫힌 공간으로 변모하고 말았다. 건축가가 신경 쓰면서 제시했던 외부에 열린 공간의 개념마저 클라이언트 측의 의도에 따라 닫힌 공간이 된 것이다.

함께 토론했던 조명래는 다음과 같이 문제를 제기한다.
"서양에서는 사적인 것과 공적인 것이 분명히 나뉜다. 공적인 부분에서는 시민권이 주장되고 실현되는 것이 중요한 특징이다. 우리나라처럼 근대사회 형성기간이 충분치 않은 경우, 사회성은 다양한 요소들이 공존하는 하이브리드 모더니티의 성질을 강하게 띤다. 모든 것이 인위적으로 동시에 만들어진 결과 공적인 것과

54. 일산 커뮤니티 센터 열린공간 계획과 이후 내부 변경모습

사적인 것이 그냥 혼재되어 있다. 이런 상황에서 양자가 상호 소통하는 공간으로 공공영역 혹은 그 공간은 존재할 수 없다. 있다 하더라도 모양만으로 존재할 뿐이다. 우리도시에서 발견되는 공공공간도 외양으로는 공적인 것처럼 보이지만 그 속에는 사적인 요소와 기제가 그대로 작동하고 있다. 이것은 우리사회가 근대화하는 과정에서 퍼블릭 스피어public sphere라는 사이영역을 형성하지 못했기 때문이다."

유걸은 다음과 같이 대답하며 논의를 이어간다.
"개인의 영역과 공공의 영역을 어디까지로 볼 것인지도 문제이다. 개인들이 자신과 남을 인식하는 한계를 어디에 두고 생활하는가에서 공공성이 정의 되지 않을까?"
라고 대답하며 조명래의 질문에 다른 차원의 대답을 내놓았다.

이에 조명래는
"당신이 말하는 공공공간의 개념은 공간의 성질이라기보다는 용도와 관계있는 듯하다. 밀레니엄 커뮤니티센터에서 정치적 집회를 했다고 치자. 가능한가? 결국 그 공간은 사적인 공간이고, 용도는 공동으로 쓴다는 정도이다. 우리는 여전히 내 것을 바탕으로 남을 만나고 공적인 것을 만들려고 한다." 라고 답하며 현대건축의 사적영역에서의 유사 공적 영역의 확산에 대해 반박한다.

앞서 언급한 공공공간의 유래와 논의와 같이, 외양적 공공공간을 가지고 있지만 교회의 소유권을 지니고 있는 사적공간의 특징에서 보이듯 우리는 공적 공간에 대해서 다시 생각해 볼 필요가 있다. 유걸은 이어 "이러한 건축공간을 두고 굳이 공공공간이다 아니다 논쟁을 할 필요는 없다. 하지만 '공공공간' 이라는 개념을 건축공간 속에 반영하려 한다면, 공공공간의 속성과 본질을 좀 더 치밀하게 고려해야 할 것이다."라고 이야기 한다. 물론, 유걸의 작품은 일정 정도 이상의 퀄리

티와 현대성을 담고 있기 때문에 그 자체도 없는 대다수의 건물과는 다르다고 볼 수 있지만, 적어도 건축가는 규모가 큰 의미 있는 건축물을 설계할 때 공공공간에 대한 사유를 재고할 필요가 있다. 물론, 공공공간에 대한 정의는 관점에 따라 다르게 규정 될 수 있다. "그 의미가 사회에서 어떻게 받아들여지고 이용되어 질것인지에 대한 논의에 앞서 건축공간에서 공공의 삶을 담아내려는 시도를 했다는 것 자체가 유의미한 작업이다." 라고 반론을 펼 수도 있겠지만 건축의 영역이 단순히 클라이언트의 니즈를 만족시키는 에이전트의 역할을 넘어 새로운 역할을 수행할 수 있는 노력과 저항은 계속되어야 할 것이다.

0918 화해의 도시건축과 공유건축

3세대 호네트의 인정이론과 관련하여 도시와 관련되는 분야를 생각해보기로 하자. 인정이론은 사회적 약자들이나 불만을 가진 세력들의 목소리에 귀 기울이는 자세로부터 시작한다. 인정이론은 그들도 우리사회의 일원으로서 무시당하지 않고 바람직한 방향으로 서로 이해하면서 어울려 살아갈 수 있도록 하기 위한 사회적 배려를 위한 담론이다. 달리 말해 3세대 호네트의 이론은 소외 및 취약계층의 목소리와 사회 불만 투쟁에 대한 완화책을 고민하고 그들과의 공생할 수 있는 방안을 탐구하는 것이다. 도시 및 건축분야와 관련하여 생각해보았을 때, 그의 사유는 사회적 약자에 대한 배려를 담은 정책적 해결책과 관련된 행위를 촉구했고 세계적 주거의 가치를 재고하고 개선함으로써 사회적 약자와 소수자를 위한 도시 및 주거정책과 연계 될 수 있을 것이다.

–화해의 도시, 화해의 건축

근대 이성은 과학기술의 발전을 통해 인류에게 많은 혜택을 가져다주었지만 사유의 특성에서 나타나는 도구적 이성과 대상화의 사고로 인해 폭력적 특성이 나타나기도 한다. 지식을 통한 권위의 확립과 공고한 시스템을 강화시켰지만 이로 인해 사회적 약자, 소수자의 의견 및 처우는 철저하게 시스템적으로 배제되었다. 푸코가 계보적으로 살펴보았듯이 근대제도와 함께 설립된 감옥, 군대(병영) 학교, 정신병원, 박물관, 미술관 등의 공공시설들은 광인과 범죄자들을 사회에서 격리시키고 전문가로서의 권위를 확립시켜 분류하고 체계화 할 수 있는 기반을 닦아 놓은 것이다. 그것은 그러한 권위자의 분류에 들지 않는 것들은 철저하게 배제되고 유통되지 못하게 하는 시스템이 되었다. 포스트모던 사유와 후기구조주의의 사유는 이렇게 근대 이성이 의도적으로 배제하고 격리시켰던 것, 억압받은 것, 소수의 것들을 복권시키고 그들의 차이를 드러내는 것을 주요한 목적으로 하고 있다. 그러나 그것을 통해 그들은 사회적 불안과 투쟁을 야기한 요소들을 끌어안고 화해시키고 안정화시키고자 했다.

도시에는 필연적으로 권력과 부를 중심으로 하여 가진 자와 그렇지 못한 자의 거주지가 나뉘게 된다. 그것은 고대로부터 현대에 이르기까지 공통적으로 나타나는 현상이다. 가진 자들은 이동이 편리하고 기반시설이 잘 갖춰져 있고 생활 편의성이 뛰어나면서 동시에 자녀들의 교육환경이 좋은 곳에 거주환경이 형성되어 있다. 가치가 높은 곳에 자연스럽게 부가 집중되고 다시 집중으로 인해 가치가 더욱 높아지는 현상이 반복되는 것이다. 이와는 반대로 저소득층의 주거지역은 가치를 형성하는 요소들이 불편하거나 미비한 곳이며, 때로는 자연발생적으로 주거군이 생겨나기도 한다. 국공유지의 산자락에 불법으로 취락을 형성하는 산동네의 경우가 그러한 것들이다. 인포멀 시티informal city로 명명되는 이러한 도시의 부분들은 상대적으로 공공의 서비스와 기반시설 및 교육에 있어서 열악한 환경에 처하게 된다. 세계의 살기 좋은 도시로 꼽히는 도시들은 대부분 도시계획과 건축문화가 잘 조화를 이루는 도시이다. 또한 그 도시에는 세계적으로 훌륭한 건축대학(도시계획과 포함)이 존재한다. 도시민들의 니즈와 행정력이 자연과의 조화를 훌륭하게 이루어내고 있는 것이다. 또한 사회적인 문제들을 계획적으로 보완하고 문제점을 해결하기 위해 많은 노력을 기울여 발전시키고 있다. 그러한 노력에는 반드시 저소득층 주거지의 환경개선 및 인간답게 살 수 있는 각종 기반시설 및 편의시설의 확충을 중점적으로 노력한다. 저소득층의 주거개선과 생활환경 개선의 목소리에 귀 기울이고 그들의 니즈를 적극적으로 만족시키며 환경분야의 사회적인 불평등과 불만을 해결하기 위해 많은 노력을 기울이는 것이다. 지역으로 보았을 때 상대적으로 살기 좋은 지역과 그렇지 않은 지역간의 격차를 줄여나가는 것은 '대화'를 통한 사회적 합의를 이루는 것으로 볼 수 있다. 합리적 이상을 바탕으로 하여 현실과의 간극을 줄여나가며 종합하고 통합하는 방향이 바람직할 것이다. 지역의 격차해소, 전국토의 고른 균형발전 등은 지속적으로 주장하는 좌파의 도시적 시각이라고 할 수 있다.

우리나라에서는 노무현정부의 신행정수도와 당시 우파의 수도권 콤팩트 시티 개발이라는 대립적인 도시계획의 시각이 존재한다. 전 국토를 고르게 발전시키고자 했던 것과 경쟁력 있는 도시를 더욱 발전시켜 고도화해야한다는 논리 사이에서 치열한 논쟁이 있었다. 지역 및 건축분야의 목적론적 '나'와 화해할 수 있는 도시 및 건축이 필요하다는 점에서는 누구나가 동의할 것이다. 그러나 그것을 실현하고자 하면 문제는 복잡해진다. 당파에 따른 관심사외 그에 따른 도시 공간구조는 진정한 '대화'가 절대적으로 필요하다. 사회적 합의에 따른 점진적인 계획이 사회적 비용을 획기적으로 줄일 수 있고 오히려 계획의 진행이 빠르다고 할 수 있다. 우리나라에서는 좌파와 우파의 당파적 사유에 따라 공간적 국토적 정책과 실행이 정권에 따라 정반대의 실행이 이루어져서 힘들게 만들어졌던 것을 하루아침에 허물어버리거나 무력화시킴으로 인하여 사회적 비용이 크게 들어간다. 이렇게 당파와 정권에 따라 정책과 실행이 엎치락뒤치락하면서 오히려 시간이 지체되고 당파적 진영의 골이 더욱 깊어지면서 국민의 분열을 조장하게 되어 국민통합에도 문제가 심각해질 수도 있다. 서구의 경우 당파적 사유에 따라 논쟁의 여지가 있는 개발의 경우, 오랜 시간동안 충분한 논의를 거쳐서 양측의 합의와 타협을 통해 일을 진행하기 때문에 느리게 진행되는 것 같지만 오히려 결과적으로 거시적인 관점에서 더욱 빠르고 효과적인 방법이 될 수 있다.

공유주택

산업시대 이전의 마을 공동체에서는 한마을에 오래 거주하기 때문에 각 가정의 상황과 특성을 매우 잘 알고 있었다. 가구 구성원들은 인간관계에 대한 책임감과 소속감이 끈끈했다. 현대주거에서는 익명성과 편리성은 증대되었으나 소속감과 연대의식이 급속도로 줄어들었으므로 공동체 의식을 현대적으로 재창조하고 프라이버시도 획득할 수 있는 주거가 요구되고 있다. 코하우징의 경우, 1970년대 북유럽에서 처음 등장하기 시작한 건축 유형으로서 산업화 및 도시화의 획일성으로 인해 공동체가 붕괴함에 따라 나타나는 여러 가지 폐해와 문제점에 대한 대안으로서 출현하게 되었다. 핵가족 형태의 사회구조의 변화에 따라 고독사나 1인가구로서 도움을 받지 못하는 상황에서 공동체의 도움을 필요로 하는 사람들의 니즈에 따라 이러한 건축적 대응이 나타나게 된 것이다.

55

공유주택의 개념은 한번 생산된 제품을 여럿이 공유해서 쓰는 협업소비를 근본으로 해야 한다는 생각에 기반하고 있다. 자신이 필요로 쓰다가 필요가 없어진 물품(생산, 소비, 서비스 전분야)을 필요한 사람들이 사용할 수 있도록 하는 것이다. 공유주택은 주거에서 독점적인 부분을 줄이고 공유할 수 있는 부분을 획기적으로 늘리면서 비용을 줄이고자 하는 사회적 흐름이다. 공유에 대한 사회적인 인식이 바뀌면서 1인주거의 새로운 양상으로 대두되고 있다. 공유주택은 침실(때로는 화장실)은 개별적으로 사용하고 그 외의 기능에 해당되는 공간을 공유한다는 측면에서 유사한 코하우징, 협동주택, 그룹홈 등이 있다. 코하우징과 협동주택은 개별

55. 일본 공유주택

56

세대들이 자신의 프라이버시는 지키면서 동시에 이웃과의 커뮤니티 증진을 이룰 수 있는 자발적인 건축적 해결방식을 위해 스스로 조합을 구성하는 것이다. 특히 노령화 사회가 빠르게 진행되고 있는 고도 개발 국가에서는 이러한 개념이 활발하게 시행되고 있으며 그룹 홈은 치매노인, 장애인, 특정병환을 앓고 있는 노인들을 케어할 목적으로 운영되는 시설이다.

공동체란 생활과 운명을 같이 하는 조직체로서 주거공동체는 같은 건축공간 안에 2명 이상의 인원이 거주하면서 주방과 거실을 같이 공유한다. 이를 통해 식사와 공동체 특유의 커뮤니티를 증진시킬 수 있는 공간구조를 공유하게 된다. 공유주택은 인적 결합과 함께 주거 및 커뮤니티를 위한 기타시설이 포함되어 공유되는 시설이라고 할 수 있다. 이러한 시설과 커뮤니티를 위한 행위 및 제반사항은 공동체의 규칙을 민주적으로 설정하고 조직하여 운영하며 공동체의 일원으로서 일정 시간을 봉사함으로써 공동체 의식을 증진시킬 수 있도록 하는 것이 핵심이다. 이것은 각 주체를 인정하고 각 주체들과의 합리적 의사소통에 의해서 대화하고 협의하고 규율을 만들어 서로 간에 지키는 것으로 볼 수 있다. 그런 연유로 코하우징의 커먼하우스에서의 대소사의 역할분담과 봉사 등의 규약과 커뮤니티 행사에 대한 내용 등을 규정하는 규칙 등을 만드는 것이다.

공유라는 개념 자체가 내 것이 아니라 상대방과 함께 사용하는 것이라는 전제를 가진 것이므로 공유주택에 거주하기 위해서는 무엇보다 상대방의 존재를 인정하고 상호이해를 바탕으로 하여 공존해야 하는 생활습관을 들여야 한다. 문제가 발생했을 때 올바른 대화로 논의하여 불만을 해결하고 서로를 존중하면서 지낼 수

56. 서구의 코하우징 전경

밖에 없는 구조이다. 또한 서로의 프라이버시를 존중하면서도 특성에 따라 공동체에서 공동의 관심과 정을 기반으로 하여 소속감을 가질 수 있다. 공유주택 시스템이 성공적으로 운영되고 확대된다면 사회의 각 구성원들 간의 인정투쟁의 요소들이 자연스럽게 사라질 수 있는 주거가 될 수 있는 가능성이 높다. 따라서 상당부분 공유주택의 개념을 확대시켜 적용하면 오늘날 현대사회에서 처하고 있는 많은 주거문제들이 해결될 수 있는 방안이 될 수 있다. 그러나 사적인 영역의 보호와 공적인 부분, 공유기능의 적절한 배분과 기능의 합리적 운영 및 갈등요소의 해결은 시대, 지역 및 사회적 여건에 따라 달라질 수 있으므로 다양하게 존재할 수 있다.

0919 도시재생과 지역의 상생

오늘날 도시재생이 도시문제에 있어서 중요한 화두로 논의되는 이유는 상대적으로 사회의 저소득층이 주거하거나 사회문제가 발생할 수 있는 지역을 개선시켜 커뮤니티와 공간부문에 있어서 '화해' 시킬 수 있는 훌륭한 방법론이 될 수 있기 때문이다. 또한 단순 공간구조의 개선이 아니라 자발적인 경제적 자립을 통한 지속적인 커뮤니티의 강화를 꾀하기 때문에 지속가능한 방법이 된다. 그러나 도시재생은 영국에서 처음 시행된 바와 같이 경험론이 우세한 가운데 지역의 현안을 사려 깊은 시각으로 불만과 문제점을 조절하는 것에 초점을 맞추고 있다는 측면에서 이상적인 사회상을 설정하여 끌고나가면서 현실과의 간극을 줄이고자 하는 독일 관념론의 전통과는 다른 차원에 있다고 볼 수도 있다. 그러나 인정이론은 소외되고 불만이 있을 수 있는 저소득층과 사회적 약자들에 대한 인정과 화해를 테제로 하기에 도시재생의 취지와 연결 지을 수 있다.

도시재생은 취약지역의 상대적으로 경제력이 떨어지는 주거민들의 사회적 불만을 적절하게 해소시키면서 커뮤니티를 강화시켜 인정투쟁을 효과적으로 완화시키는 방안으로 각국에서 중요하게 시행되고 있다. 도시재생은 산업혁명으로 인

57

해 산업화가 가장 먼저 일어나고 자본의 성숙과 쇠퇴의 과정을 가장 먼저 겪었던 영국에서 시작되었다. 사회, 경제적 요인들 중 다양한 이유로 쇠퇴하는 특정 지역과 상대적으로 소외되고 억압받고, 차별받고 무시되는 거주민들이 살고 있을 확률이 높다. 도시재생은 이러한 지역을 물리적 환경개선의 하드웨어의 해결책과 함께 주민의 의식고취, 일자리 창출, 교육의 확대 등의 소프트웨어를 지원하고 장기적으로 교육을 시행한다. 이를 통해 지역의 재생이 장기적 관점에서 선순환되고 지속가능할 수 있도록 유도하는 것이다.

영국 도시재생의 역사는 다음과 같다. 1950년대에서 1970년대까지의 영국 도시주거 정책은 재구축Reconstruction, 재활성화Revitalization, 리뉴얼Renewal 등으로 대표될 수 있는 정부주도의 하향식top-down의 계획이었다. 정부주도의 경직성은 민간과 결합되면서 효율성을 확인했고 1980년대 대처수상은 과감하게 민간주도의 친기업적 주거정책을 실시했다. 세금감면, 작은 정부, 친기업 정책을 표방하는 당시 영국정부는 대규모의 도심재개발 등 가시적인 성과를 만들었으나 젠트리피케이션 현상으로 원주민 재정착이 극도로 부진해지고 소득 불평등과 소외 현상이 심화되는 폐단이 나타났다. 원주민의 정착과 소득의 재분배, 불평등, 인종차별 등의 다양한 도시문제가 야기된 것이다. 극심한 폐단을 경험한 영국 정부는 점차 도시환경분야에 있어서 견제와 균형을 통한 지속가능하고 효율적인 거버넌스를 추구하게 되었다.

57. 영국 공업도시 맨체스터 도시재생 전후

1990년대에 이르러서 이러한 단점을 보완하기 위해서 사회각계에서 문제를 제기하고 다양한 재생 프로그램을 지방정부가 독자적으로 추진하면서 중앙정부와 광역기구가 지원하는 체제로 변화하게 되었다. 그것은 획일적인 주거정책으로 인해 소외받고 억압받거나 배제되는 인정투쟁으로 인한 변화였던 것이다. 민간주도의 단순한 물리적 환경의 개발만이 중요한 것이 아니라 그 지역에 살고 있는 원주민의 커뮤니티 결속과 정신적 고취, 일자리 창출 등의 소프트웨어 또한 중요함을 깨달은 것이다. 이처럼 1990년대 이후에는 물적 구조 및 소프트웨어의 측면을 효율적으로 개편하고 자율적인 방식으로 개선되는 방향으로 나아가고 있으며 이러한 방향성을 추구하기 위해 중앙정부와 지방정부와의 의견을 조율할 수 있는 중간조절기구(RDA)를 창설하게 된다. 이때부터 커뮤니티를 강화시키기 위해 지방정부가 주도하여 통합적인 도시재생전략 하에 다양한 이해관계자들이 모여서 협력관계를 만들어나가게 된다. 이 시기의 다양한 도시재생 추진기구와 지원금 프로그램을 실험했고 지방정부가 보톰업 니즈에 의해 시민사회의 니즈로부터 파생되는 사업이 시행되기 시작했다. 그것은 각 지역의 커뮤니티의 요구 양태에 따라 스스로의 지원을 도출하여 경쟁시켜 자생적으로 발전을 도모시키는 방식이었다. 물론 처음 시작하는 단계에서는 여러 가지 문제점이 나타났다. 점차 초기의 문제점을 극복하고 지역재생조직이 중앙조직과 중간관리조직 사이에서 효율적으로 조절되는 업무체계가 형성되며 효과가 나타나기 시작해서 오늘날에 이르고 있다. 오늘날 도시재생은 다양한 분야와 지역에서 물리적 개선과 지역 커뮤니티를 지속가능하게 강화시키고 선순환 할 수 있는 방법론으로 활발하게 시행되고 있다.

철학적으로 이러한 움직임은 영국의 경험주의의 전통에서 사회의 변화 요소를 경험적으로 현실에 맞게 조절하는 보수주의 철학적 노선으로부터 많은 영향을 받은 측면이 있다. 전통적으로 경험론이 우세한 영국의 철학적 관점은 이상적인 독일 관념론과는 다른 측면이 있다. 가치를 지키면서 점진적인 변화를 추구하고 사려 깊은 문제들의 조절을 중시하는 정치적 성향에서 도시재생의 자세가 나온 것이라고 할 수 있기 때문이다. 그러나 사회적 약자와 환경개선이라는 큰 틀의 목표를 설정하고 장기적으로 교육에 많은 투자를 하여 점진적인 변화와 발전을 추구한다는 것은 중도좌파의 노선을 취하는 것이다. 국민들의 니즈를 받아들이면서 동시에 장기적으로 의식을 고취시키고 경제적으로 자립할 수 있는 방안이며 꾸준히 주민들의 교육을 지속시켜나가면서 지속가능한 커뮤니티와 일자리 창출, 자금의 선순환 구조와 물리적 환경개선을 함께 성취할 수 있도록 하는 것이다. 역할자들의 거버넌스를 통해 지방자치와 주민의 적극적 참여를 중시하는 것이다. 글로컬화의 핵심은 이러한 각각의 공식화된 클러스터화가 지역성을 바탕으로 지역주민과 구성원들 사이에 어떻게 융화되면서 효율적인 구조로 고착, 착상화 되는가에 달려있다.[25] 자발적인 경쟁구도를 강화하면서 지원하고 교육하는 프로그램과 소프트웨어의 강화는 인정투쟁에 있어서 커뮤니티가 강화되고 점진적으로 발전하는 효과적인 대안이 될 수 있다.

도시재생의 취지는 일방향적이고 획일적인 정부 주도의 하향식 계획이 만들어내는 폐해를 극복하기 위해서 상향식의 주민주도형 환경개선, 커뮤니티강화와 경제적 환경 개선과 순환자립을 가능하게 한다. 그것은 인정투쟁을 효과적으로 감소시킬 수 있지만 풀뿌리 민주주의 방식으로 계속해서 실험되고 있다.

도시재생의 선순환 구조에 있어서 핵심적인 사항이 지역을 기반으로 하는 사회적 기업을 활성화시키는 것이다. 사회적 기업은 지역에 기반을 두고 사업적 방식을

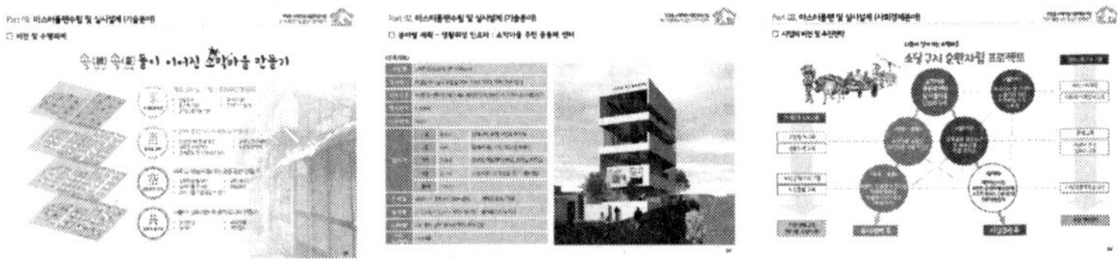

58

58. 우암동 새뜰마을 사업(도시재생사업_임기택 책임연구자 참여)

25) 클로컬화(glocalization): 국제(global)와 현지(local)의 합성어로 지역 특성을 살린 세계화를 말한다. 국익을 초월한 이익을 실현하고자 하는 글로벌리즘과 지역성의 회복을 위한 로컬리즘이 결합되면서 상호의존성을 높이며 경쟁력을 강화하는 방안이라고 할 수 있다.

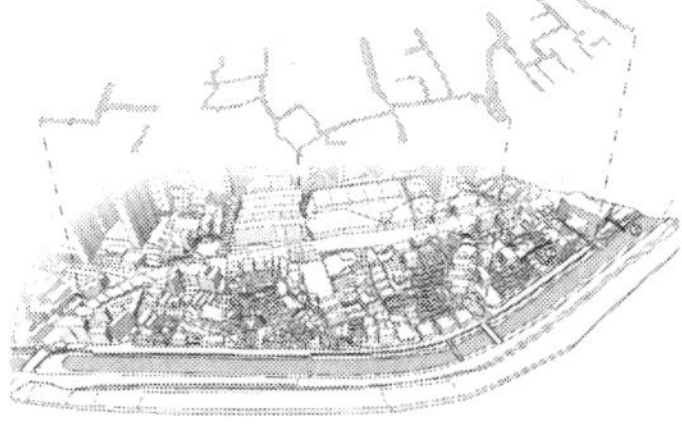
59

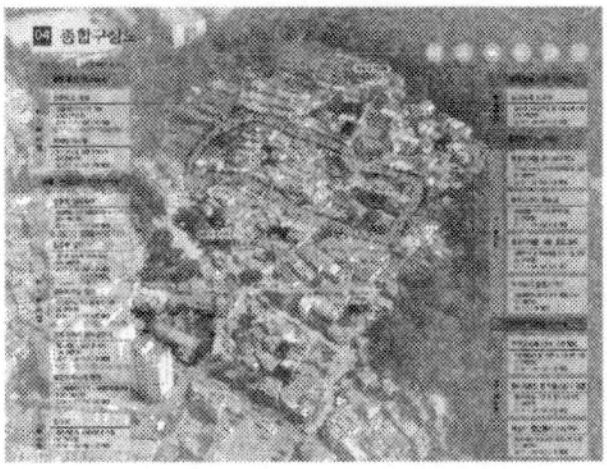
60

통해서 이윤을 추구하지만 이윤 중 일부를 사회적 목적과 커뮤니티와 지역에 재투자함으로써 일자리 및 물리적 환경에 있어서 지역발전의 선순환 구조를 만들어 나가는데 그 의미가 있다. 이것은 저소득층의 사회복지 서비스를 위한 사회적 기업의 역할이 점점 중요해지고 있다는 것이다. 그것은 자본 중심의 체제에서 주민 스스로 지역의 문제를 해결하고 삶의 질을 높이기 위해 지역의 방식으로 자생력을 높일 수 있는 방식의 비즈니스를 실행하는 것이다.

사회비판이론을 창시한 프랑크푸르트학파의 1세대로부터 3세대에 이르기까지 현대사회의 이성의 폐해와 자본의 폐해로부터 발생하는 문제를 실천적으로 해결하고자 하는 사유를 보이고 있다. 하버마스의 합리적 의사소통구조에 따른 대화와 함께 인정이론을 전개하는 3세대 호네트의 사유는 적극적으로 사회적 약자, 소수자, 불평등으로 인정투쟁을 하는 자들과의 사회적 합의를 도출하기 위한 담론에 집중하고 있다. 자본의 고도화에 따른 부작용과 자본시장에서 실패한 사람들을 위한 사회적 장치와 주거복지를 위한 사회적 고려는 도시재생의 취지와 연계된다. 도시재생은 도심의 고밀집적 재생과 쇠퇴도시의 수복형 도시재생이 있는데 도시재생은 단순히 물리적 환경개선에 그치는 것이 아니라 반드시 패배의식에 젖어있는 수동적인 주민들의 의식을 불러일으켜 자립하고 경제를 활성화시킬 수 있는 일자리 창출이 중요한 과제이다. 쇠퇴한 지역에서 나타나는 여러 가지 문제를 공동체의 결속과 긍정적인 경제활동을 창출하고 지속시켜 사회적 기업으로 성장시키면서 그 기업으로부터 나오는 이익이 그 지역의 발전에 선순환되게 만드

59. 부산 학장동 도시재생사업
60. 부산 영도 해돋이마을 도시재생사업

는 것이 궁극의 목표이다. 공동체의 대화와 결속을 통해 무언가를 성취해나가는 것은 자연스럽게 상대적으로 인정투쟁의 상황에 있는 사람들에게 희망을 제공하며 실질적인 변화를 가져올 수 있다는 점에서 도시재생은 각국에서 활발하게 시행되고 있다.

이상과 현실의 조화, 독일 도시건축의 특성

프랑크푸르트학파는 사회비판이론을 창시하고 일관된 문제의식으로 현대사회의 주요문제들에 대한 실천적 해결방안을 철학으로 제시하고 있다. 그들은 독일 관념주의의 전통의 연장선상에서 일관성을 보이며 사유를 진행하고 있다. 건축분야로 외연을 확장하여 프랑크푸르트학파가 활동하고 있는 독일의 도시건축경향을 살펴보는 것 또한 의미가 있을 것이다. 독일 관념중 전통의 연장선상에서 나온 그 사유에 직간접적으로 영향을 미친 제반 사회적 조건들과 동시에 사유로부터 영향을 받은 물리적 환경의 특성을 살펴보는 것은 어떻게 상호 영향을 미치면서 발전해 나가는가를 알 수 있기 때문이다. 특히 독일은 양차세계대전 이후 분단국가에서 통일을 이루어 옛 강대국의 지위를 되찾는데 성공한 유럽 현대사의 중심에 서있는 국가이다.

독일의 도시건축은 상대적으로 우리에게 영국, 프랑스, 스페인, 이탈리아 등의 유럽 및 미국 건축보다 덜 익숙하게 느껴지는 것이 사실이다. 영국, 프랑스, 이탈리아, 스페인의 경우, 대표하는 1, 2개의 대도시나 옛 수도에 중요한 건축물과 건축적 유구들의 대부분이 위치하고 있는 것과는 달리, 독일의 경우에는 수준급 이상의 건축물들이 고르게 중급 도시들에 분포하고 있다는 점이 앞서 언급한 나라들과 비교했을 때 가장 다른 특성이라고 할 수 있다. 그 이유는 중소도시국가들로 오랜 세월 통일되지 않고 국가체계를 서로 유지하다가 '철의 재상' 으로 불리는 비스마르크의 냉철하고 강력한 통치력을 바탕으로 하여 근대화와 체계정비와 더불어 국력의 비약적 신장이 이루어졌다. 이후 근대 독일은 과학기술을 바탕으로 하여 경제부흥이 일어났고 전 국토에 전반적으로 고르게 발전했다.

독일의 역사가 근, 현대 세계사에서 차지하는 부분은 매우 중요하다. 양차 세계대전의 세계적 사건과 함께 분단, 통일되는 역사를 생각해보면 독일이 경험했던 과정은 모더니티가 생성되고 발전되며 위기를 극복하고 발전하는 과정이었다. 그것은 총체적인 진화의 모습을 보여주고 있다. 독일 근대사유의 특성과 함께 독일 도시건축과 도시공간구조의 변화를 살펴보면, 프랑크푸르트학파의 사유에는 독일사유의 특성이 상당부분 녹아들어가 있음을 확인할 수 있다. 그들의 사유는 이 시리즈의 일관된 관심이기도 한 구체적인 물질적 공간적인 방식과 연계될 수밖에 없음을 확인할 수 있다. 독일 특유의 엄격함과 장중함이 결합되거나 반복되는 형태와 군대식 열병과 같은 질서정연함의 도시구조와 건축표현양상은 절차를 중시하고 이성적으로 무언가를 도출해나가는 독일 관념론의 사유와 독일 국민성과 유사한 측면이 많다고 사료된다.

독일의 국민성은 계급의 권력에 순종적이고 전체를 위한 희생정신이 있으며 책임감 있고 부패하지 않은 관료제를 가진 상태에서 종사제도로서 장인정신의 높은 숙련도를 가지고 있고 지역적 개성이 뚜렷하며 근면과 절약정신 및 법률과 조약을 신봉하는 특성이 있다.

독일 도시건축을 살펴보는 근본적인 이유는 무엇인가? 프랑크푸르트학파와 어떻게 연계되었는가?의 물음에 대답할 수 있어야 하는데 몇 가지 독일 도시건축의 특성을 살펴보면 대략의 흐름을 감지할 수 있다.

독일 건축에서 맥락적인 특성으로는 기존의 구조나 역사적인 건물에 새로운 건물을 증축할 때, 그 건물이 지나치게 드러나게 하는 것이 아니라 기존 도시건축의 상황을 보완, 수정, 고양하는 방식으로 이루어진다. 특히, 건물의 수명, 설비, 빛과 공기를 고려한 독일건축은 매우 우수하다. 또한 독일건축가들은 설계도만 납품하면 끝나는 것이 아니라 건물이 완공 될 때까지 품질관리를 놓지 않으려는 장

인정신의 태도를 보인다. 이들의 공통적으로 보이는 특징은 사회를 위해 건축한다는 책임의식이다. 이들은 무의미하고 찍어낸 듯한 상업건축을 만들어내는 일이 없으며, 자신의 영광을 위해 외관은 화려하지만 쓸모없는 예술작품을 만드는데 자원을 낭비하는 경우가 없다. 독일 건축가들은 활용성, 내구성, 아름다움을 하나로 융합을 시킬 줄 아는 건축가들이다. 그들은 높은 내구성을 좋은 디자인과 완벽한 건설기술에 결합하고, 시적이고 미학적이며 경이로운 건축예술을 환경과 에너지를 고려한 생태적인 건축 방식에 접목시킨다. 그들은 그들 나름대로의 지역적 특징을 분석하여 건축을 발전시켜왔다. 물론 모든 건축가의 행위가 그렇다는 것은 아니고 대부분의 독일 건축가의 작업에서 이러한 특성이 공통분모로 나타나는 경향이 많다는 것이다. 정, 반, 합의 변증법적 과정, 점진적 발전, 독일성과 경관의 다양성을 포용하는 성향은 현대 독일과 동시대 도시건축의 다양성 속에 질서와 통일성을 갖춘 독특한 건축문화 발전에 도움이 되었다고 볼 수 있다.

이제 독일 도시건축과 사유에 상호 영향을 준 독일 역사와 국민성에 대해서 살펴보면서 앞서 제시한 독일 건축 및 건축가의 특성을 확인해보도록 하자.

0920 독일 근대 역사와 국민성

—근대까지의 독일 역사

로마제국시대의 독일은 옛날부터 게르만 민족이 살던 땅이다. 로마제국 시대에는 로마사람들은 독일지방은 버림받은 땅이라 하여 정복하지 않아 로마에 정복당하였던 지방보다 4~5세기정도 발전이 뒤떨어져 있었다. 3세기경, 허약해진 로마제국은 제국을 지키기 위하여 게르만 족들을 용병으로 이용하였고, 그 뒤 4세기말, 동쪽의 '훈' 족이 게르만 민족들이 살던 땅으로 서진하자. 게르만 민족은 로마제국의 경계를 넘어 로마 영토로 이주하는 게르만 민족의 대이동이 일어나게 되었다. 이로 인해 로마 제국은 동 · 서 로마 제국으로 분리되었고, 이후 서로마제국이 멸망하면서 그 자리에 게르만계 여러 부족국가들이 생겨났다. 이후 프랑크 왕조는 카를루스 왕이 통치하는 프랑크 왕국이 제일 강성했지만 세 아들 사이에 권력투쟁이 일어나 나라는 서프랑크(프랑스), 중프랑크(이탈리아), 동프랑크(독일)의 세 나라로 분단되어 반목하게 되었다. 특히 오늘날의 독일이었던 동프랑크는 왕의 권력이 약화되고 지방호족들의 권력이 상대적으로 강해져서 300여개의 작은 나라로 나뉘어 봉건국가의 체계를 계속적으로 유지하게 된다. 이러한 역사가 독일 중규모 도시들의 건축적 질의 차이가 상향평준화 되어 있는 이유가 되었다. 중, 서 프랑크와는 달리 독일 지방의 동 프랑크의 봉건제도는 독일 역사와 독일 국민성의 형성에 전적으로 영향을 주었다. 신성로마제국(제 1제국)에 이르러 콘라트 1세 사망 후 하인리히 1세가 즉위하여 작센왕조가 일어났고, 936년 하인리히의 아들 오토 1세가 모든 부족제후의 동의를 얻어 왕위에 올랐다.26) 콘라트 1세와 오토 1세의 즉위를 계기로 독일의 선거후제(選擧侯制)' 및 '혈통권에 의한 선거' 등 왕위계승의 전통이 공식화되었다. 오토 1세는 제후들에 의한 국내분립을 극복하고 왕권을 강화하기 위하여 교회와 왕권을 결합해서 교회를 왕권의 지주로 삼는 제국교회정책을 실시하였다. 오토 1세가 신성로마제국을 세웠다. 이것이 도이치 제 1 제국이다. 제 1 제국은 나폴레옹1세에게 멸망한다.

각 독일의 시대별 특징은 다음과 같다.

구분	당대의 사회적 특성	주요 사건
로마 제국시대	-문명의 경쟁력 떨어지는 지역 -게르만 대이동 동, 서로마제국 분리	-콘라드 1세, 하인리히 1세 선출 -로마용병 대규모 민족이동
프랑크 왕조 (768~ 962)	-카를로스 이후 지방호족 권력 강하고 300여개 의 작은 나라 나뉨 -도시의 질의 차이 상향평준화	카를로스 왕의 세 아들 사이의 분쟁으로 3국으로 분단
신성로마제국 (제1제국) (962~)	-로마가톨릭교회의 가장 성스런 보호자 지위 -독일의 제왕들이 독일의 다양한 봉족과 지역 의 제후들 및 군주들에 의해 선출 -제국교회정책 실시	-선거후제 및 혈통권에 의한 선거 공식화 -제1제국 나폴레옹 1세에게 멸망

26) 독일의 역사가들은 독일의 국가 기원을 독일 주요 봉건부족의 지도자와 제후들이 911년 콘라드 1세, 919년 하인리히 1세를 그들의 왕으로 선출할 때부터로 간주한다. 중세시대에 독일은 독일왕국 혹은 신성로마제국이라는 두 가지 이름으로 알려져 있었다. 선출된 독일의 제왕은 신성로마제국의 황제라는 직위를 통하여, 여타 유럽의 제왕들 간에 가장 높은 지위, 로마 가톨릭 교회의 가장 성스러운 보호자로서의 지위, 독일 땅에서 고대 로마제국의 전통을 지속시키는 지도자로서의 지위를 얻게 되었다. 19세기 초반 제국의 형식적 해체 때까지 계속되었다. 이러한 중세 독일의 황제와 제왕들의 국내 및 국제적 이중적 역할은 외래문화의 수용과정을 반영한다.

구분	당대의 사회적 특성	주요 사건
도이치 제2제국 (프로이센 제국) (1862~1933)	-독일 근대화, 산업화를 이룸 -독일민족의 세계적 위상에 큰 전기를 이룸 -독일통일 -비스마르크에 의한 정치, 경제, 사회, 문화 전반의 국가체제 정비 및 강화 -민주주의적 색채 강화	-철의 재상 비스마르크 집권 -보불전쟁, 파리 베르사유조약 강요 -빌헬름 1세 대관식, 도이치 제국 명명 -1차 세계대전 패전으로 멸망
제3제국 (히틀러) (1933~1945)	-파시즘 중 가장 반동적, 야수적 성향 -반유태주의 주장, 반민주주의, 반자유주의, 반자본주의, 반마르크스주의, 민족적 전체주의 -지도자 원리 기초(소시민적 사회주의)	-히틀러 집권 -제2차 세계대전 일으킴 -스탈린그라드 전투 이후 패색, 연합군에 항복
분단국가 (1945~1990)	-전승국에 의한 강제적 분단 -마셜플랜에 의한 서독의 자유 자본주의 강화 -냉전체제의 강화	-포츠담 협정 -1972년 동서독 기본조약
통일 독일 (1990~)	-통일 베를린의 사회주의 도시건축 유산과 자본에 입각한 종합으로서의 새로운 도시개발 시행 -사회주의 도시구조+자본특성 접목한 도시구조 및 경관 발전시킴	-1990년 역사적 통일 -EU통합 -베를린개발과 유럽의 맨해튼으로서의 수도개발

봉건의 지역주의는 독일의 제왕들이 독일의 다양한 봉족과 지역의 제후들 및 군주들에 의해 선출된다는 점에서 독일정치의 중요한 요인이 되어 왔다. 두 가지 상반된 현상, 즉 봉족의 지역주의와 유럽의 국제주의가 공존하고 있으며 이것이 다양한 형태로 독일의 정치사상과 문화를 이끌어내게 했다.[27] 중앙과 지방의 계약적 협력관계와 합리적인 절차이행의 역사들이 쌓이면서 계약관계에서 합리적으로 의사소통하고 업무를 진행하며 정해진 결과는 철저하게 따르는 근대이후 독일의 특성이 정착되었다고 볼 수 있다.

중세 중기부터 독일 정치의 국내 역사는 다른 무엇보다도 제국의 중앙 권력의 지속적인 잠식과 이와 상반하는 독일제국 내의 각 봉족 공국의 힘과 역할이 지속적인 성장으로 특징지워진다. 즉 지방주의가 중앙주의보다 우세하게 되었다. 역사가 발전되면서 지역적인 힘을 대신하여 강력한 중앙정부가 출현하게 된 지역과는

27) Gottfried-Karl Kindermann, 분열과 통합: 독일 역사에 나타난 정당, 시민 그리고 국가의 역할에 대하여, p176

극명한 대조를 이룬다.[28]

지역주의와 관련하여 독일의 정치는 내각제 위주로 되어 있으며 상징적인 대통령과 실질적인 권력을 가지고 있는 총리의 역사를 가지고 있다. 그것은 독일의 역사와 독일국민성으로부터 기인한 것이다. 그것은 합의 내각제와 같이 중앙집권적 역사가 아닌 합의와 절차의 중시에 따른 역사를 지니고 있다는 점이 여타 국가와 다른 부분이다.

역사적으로 독일은 봉건 도시국가체계로 흩어져 있으면서 도시국가의 영주들이 모여 합의와 선출에 의해 합리적인 계약을 맺고 제후를 추대하는 시스템을 만들어서 시행해왔다. 이러한 합리적인 분권화의 역사가 국민성에도 영향을 미쳤다.

도이치 제2제국 (프로이센 제국)

역사적으로 보았을 때 봉건제의 관습이 강력하게 남아있던 독일이 강력한 중앙집권아래에 하나의 국가로 단결하게 된 것은 프로이센 왕국의 등장에서부터라고 할 수 있다.

독일은 먼 옛날 봉건시대부터 지방의 제후가 강력한 힘을 행사하는 지방분권의 모습을 띄는 영방 국가의 있었으나 그 중에서 강력했던 브란덴부르크와 프로이센이 합쳐져 프로이센 왕국을 만들면서 비로소 지방분권에서 중앙집권으로 바뀔 수 있었다. 하지만 완전하게 프로이센이 독일을 통일했다고 보는 시기는 독일제국을 선포한 1871년으로 볼 수 있다. 프로이센이 독일의 수많은 영방 중에서 독일을 통합하는 첫 이름을 가지게 된 것은 나폴레옹에 의해서 프랑스의 지배를 받던 독일인들에게 프랑스로부터의 해방자로서의 역할을 독일인들이 요구하게 되었다. 이에 대한 응답으로 프로이센은 일대개혁을 단행하고 대 나폴레옹 해방전쟁에서 중심적인 역할을 담당하여 프랑스군을 물리치고 당당히 독일의 대표자리에

28) 같은 논문, p176

오르게 된다. 이 시기가 건축적 양식으로는 신고전주의의 시대였으며 회고적 민족주의가 강조되면서 독일민족성을 고취시키고 단합시켜 내부로부터의 개혁을 이루고 발전해나가는 계기가 되었다.

수없이 많은 나라로 분열되어 있었던 독일이 어떻게 하나의 국가로 합쳐져서 1, 2차 세계대전을 일으킬 만큼 강력한 국력을 비축할 수 있었을까? 그것은 바로 도이치 제2제국(프로이센 제국)이 있었기 때문이다. 철의 재상으로 통칭되는 비스마르크의 지도하에 독일은 단결했고 1870년 프러시아와 프랑스의 전쟁에서 승리하면서 프러시아(프로이센) 군사가 파리까지 진격하여 승리를 쟁취했고 결국 베르사유 조약을 맺었다. 빌헬름 1세는 대관식을 가지고 통일국가를 도이치 제국이라고 명명했다. 제국은 계속 유지되다가 1차 세계대전의 패전으로 멸망하게 된다. 선진국으로 진입하기 위해 근대 산업화를 이루는 과정에서 비스마르크는 혁혁한 공을 세우게 된다. 그는 각종 인프라를 확충하고 생산성을 높여 국민의 부와 질의 향상을 이루었다. 그는 냉철하고 철두철미한 추진력으로 독재를 행했던 부분은 존재하나 분열되어 있던 독일민족을 통합하여 근대적 발전을 이루게 했다는 점에 있어서 높이 평가받아 마땅하다. 비스마르크는 영국의 엘리자베스1세와 마찬가지로 강력한 의지와 리더십으로 근대국가로의 이행에 있어서 결정적인 역할을 했다.

제3제국

파시즘 가운데에서 가장 반동적이며 가장 야수적인 독일의 파시즘 국가를 추구했

61

61. 알베르트 슈페어의 히틀러를 위한 도시계획과 행사장

던 히틀러의 제 3제국이 등장했다. 그 명칭은 히틀러와 함께 독일을 독재적으로 지배했던 '국가사회주의 독일 노동자당' 에서 유래한다. 그의 나치당은 사상적으로는 반민주주의, 반자유주의, 반자본주의, 반마르크스주의 등 부정을 통한 허무주의적 형태를 취하여 민족적 전체주의와 아리안 인종 우월주의, 조직적 반유태주의를 실행했다. 또한 다수결 원리 대신에 지도자 원리에 기초하는 소시민적 사회주의를 표방했다. 이것 또한 봉건사회 때의 계급적 복종주의의 잔재라 할 수 있다. 나치군대는 유럽을 상대로 전쟁을 일으켜 1942년까지는 승승장구했지만 '스탈린그라드 전투' 에서 진 독일군은 그때부터 수세에 몰려 1945년 5월 연합군에게 항복하며 패망했다.

통일 독일

62

제2차 세계대전의 패전국으로 독일은 미영불연합군 점령지의 서독과 소련의 점령지 동독으로 분단되었으나, 서, 동독으로 나눠졌던 독일은 1990년 10월3일, 통일되고, 지금은 'EU' 를 이끄는 견인차 역할을 하고 있다. 독일 통일의 조건은 같은 분단국인 대한민국과 확연히 다른 점들이 있다. 첫째 독일은 분단이 패전국으로서 전승국들에 의한 강제적인 것이었지만, 우리 한국은 UN에 의한 총선거를 통하여 단일 국가를 수립하였으나, 이데올로기의 대립으로 우리 민족의 자의적 선택으로 분단이 되었으므로 독일의 분단과는 근본적으로 다른 것이다. 독일 민족은 국가에 대한 개념이 통일 지향적이었으며, 동서독이 사용한 국기는 독일제국이 쓰던 흑적황의 삼색기가 기본이었다. 서독은 그 삼색기를 그대로 썼으나 동독은 그 삼색기에 이삭과 망치, 컴퍼스 등 공산주의이념을 나타내는 문양을 살짝 얹

62. 베를린 통일과 현재의 베를린

어서 사용하였고, 국가도 소절만 다를 뿐 같은 '독일인의 노래' 를 불렀다. 이와 같이 근본적으로 통일 국가에 대한 정서가 우리와는 여러 가지 측면에서 차이가 있었다. 그럼에도 불구하고 오늘날 독일은 여러 가지 차이와 갈등을 봉합하면서 새로운 하나로서의 공동체를 성공적으로 완성해 나가고 있다.

또한 도시건축분야에 있어서도 서로 다른 이데올로기 체계에 따른 극심한 차이가 존재했었다. 독일은 그럼에도 불구하고 자본의 시스템을 도입하면서 동시에 사회주의 국가의 시스템을 계승 발전시키면서 연착륙을 성공적으로 이루었고 두 시스템이 자본으로 통합되어 녹아들어갈 수 있도록 했다. 동독의 도시건축은 상징성이 중시된 국가 중심가로와 공공건축과 삭막하고 획일적인 대중들의 주거군 등으로 요약할 수 있을 것이다. 그러나 통일 이후 베를린은 자본의 접목과 함께 활발하게 도시구조와 경관이 변화하며 유럽의 맨해튼으로서 유럽의 수도가 되었으며 프랑크푸르트는 유럽의 금융, 교통중심지로서 그 역할을 강화시켜 나가고 있다.

독일 국민성

독일의 현대건축은 미국, 프랑스, 영국, 이탈리아, 일본의 건축보다는 우리에게 덜 알려져 있다. 또, 각국의 건축적 역량은 수도나 일부 대도시에 편중되어 분포되어 있으나, 독일에서는 그 나라의 대표적인 건축물을 일부 도시에서 찾는 일은 불가능한 것으로 보인다. 예를 들어 프랑스나 일본에서는 그 나라를 대표하는 건축 작품이 파리나 동경 등의 수도에 집중되어 있다. 반면 독일에서는 대도시 즉 베를린이나 프랑크푸르트에만 초점을 맞추어서는 충분하지 못하다. 슈투트가르트, 본 또는 함부르크 같은 많은 다른 도시들과 브레머하벤과 같은 중소도시에도 수준급의 건축물들이 존재한다. 이는 독일 및 독일 건축문화의 역사적 물리적 특수성에 많은 이유가 있다. 전쟁에 의한 파괴, 분단에 의한 한계성, 보수와 진보의 대립과 갈등 등이 우리와 많은 상황에서 유사한 점을 내포하고 있는 독일 건축을 이해하는 것은 현재 우리에게 새로운 방향을 제시해 줄 것이다. 오늘날 여러 가지

역사적 어려움에도 불구하고 유럽에서 가장 부강하고 강력한 영향력을 끼치고 있는 독일을 만들어 내게 된 국민성은 다음과 같다.

1) 계급의 권력에 순종적이다.(상명하복),

2) 전체를 위한 희생정신,

3) 책임감 있고 부패하지 않은 관료제,

4) 장인정신의 높은 숙련도(종사제도에 의한 앞선 공업기술과 학문적 뒷받침),

5) 뚜렷한 지역적 개성

6) 근면과 절약정신

7) 법률과 조약을 신봉함

등을 들 수가 있다.

칸트로부터 시작된 독일 관념주의의 전통을 생각해보도록 하자. 독일인은 이상적인 관념을 중심으로 현실과의 간격을 줄여나가면서 모순되는 것들을 통합시켜 더 나은 방향으로 점진적인 발전을 이루어나가는 것을 미덕으로 생각한다. 독일 역사를 살펴보았을 때, 상부층의 솔선수범과 자발적인 개혁, 그리고 국민들의 신뢰와 철저한 복종이 짧은 시간에 놀라운 발전과 통합을 이루어내는 역사를 보였다. 여기서 우리는 앞서 언급한 독일의 철학사유와 독일 국민성과 깊이 연계됨을 감지할 수 있다. 이처럼 독일 국민성의 특성과 같이 독일인들은 절차를 중시하고 중도좌파적인 특성의 정신이 흐르고 있음을 감지할 수 있다. 특히, 대중의 상향평준화 된 디자인을 향유할 수 있도록 노력했던 전통을 가지고 있는 독일은 뛰어난 공업기술이 있었다. 그것을 가능하게 했던 것은 독일의 독특한 종사제도로서, 그것은 숙련된 장인정신과 기술의 원천인 학문의 뒷받침, 질서정연하게 상관의 말을 믿고 따르는 행태와 그러한 믿음을 이끌어 낼 수 있었던 관료제의 책임감과 도덕성에 기인한 것이다.

여기서, 종사제도란 주인과 하인의 관계로서 일방적인 관계가 아니라 지도자가 명령을 하달하면 피지배계급은 협동하여 일을 처리하는 관계를 지칭한다. 지배계급은 비교적 청렴하고 도덕성이 있었다. 독일인들은 비록 불만이 있더라도 전체를 위한 것이라고 생각하고 불만을 누그러뜨리는 기질이 있다. 그들은 법률과 조약을 신봉하는 민족원칙을 지키는 국민성을 지니고 있다. 어떠한 경우에도 원칙을 고수하는 국민성이 결국 오늘날의 통일 후유증을 극복할 수 있었고 그 결과 유럽에서 가장 강력한 영향력을 미치는 국가로 거듭날 수 있었던 원동력이 되었다.

독일의 봉건제는 독일 국민성 형성에 큰 영향을 끼쳤다. 봉건 영주는 봉토를 경영하기 위해 강력한 통치 권력을 구사했으며 이를 위해 여러 계층의 중간 계급을 설정하고 하층민에게는 한 가지 직능만을 수행하도록 했다. 오늘날 직업을 지칭하는 성이 생기게 된 것은 이러한 이유 때문이다. 이렇게 대를 이어 가업을 잇는 제도는 자신이 수행하는 분야에 있어서 자부심과 높은 수준의 공업기술로 이어졌음은 자연스럽다. 실제로 이러한 공업기술을 바탕으로 독일은 산업혁명 이후, 포디즘의 시스템이 유럽에서 가장 느리게 도입된 나라였다. 그것은 전통적인 장인기술을 수행하는 제도와 국민성의 발로였다. 여러 계급이 존재했고 종사제도로 인해 상명하복이 철저하게 지켜지도록 했던 전통이 질서와 체계를 중시하는 독일 국민성과 도시건축 부문의 질서정연하고 엄격한 공간구조와 경관이라는 물질화에 영향을 끼쳤다고 볼 수 있다. 이러한 성향이 히틀러가 나타났을 때 인륜에 어긋나는 홀로코스트와 같은 정책을 추진하고자 했을 때에도 반대하지 못하고 복종심을 보였던 이유기도 하다. 거기에는 1차 세계대전 패전 후, 과도한 승전국의 채무와 가난 역시 그러한 분노에 일조했던 사회적 요인도 있었음을 부인할 수 없다.

프랑크푸르트학파가 독일에서 형성되어 사회적 개혁을 모색하는 실천적 흐름을 만든 것은 산업화를 통하여 형성된 노동자와 자본가의 계급을 타파하려는 것이었지만, 독일 사회에 뿌리 깊은 계급 제도의 타파도 또 다른 이유였다. 마르크스가 1848년 프리드리히 엥겔스와 함께 쓴 공산당 선언에서 설명하고 있는 계급투쟁론에 역사, 사회적 견지에서 대립되는 계층으로 지적한 중세기의 '귀족과 농노'의 예가 바로 봉건 독일의 사회를 직시한 것일 수 있다. 왜냐하면 독일은 계급의 구별이 다른 여타의 유럽국가의 그것보다 뚜렷하고 심하였기 때문이다.

근대화의 과정에서 나타났던 긍정적 발전에도 불구하고 1세대의 비판이론이 중심이 되었던 근대화에는 자본의 어두운 특성 또한 존재한다. 건축은 경제적 주체들의 요구와 의견, 즉 자본에 큰 영향을 받는 분야이다. 따라서 자본가의 의도에 따라 기능과 공간을 실현시켜야 된다. 여기서 도시공간과 건축은 대부분 자본 주체의 요구에 따라 억압과 착취구조의 공간으로 구조화 되는 경우도 발생된다. 이른바 자본주의에 지배당하는 건축으로 인해 나타나는 폐해에 해당하는 부분이다. 자본의 힘은 양질의 지역을 그들만의 공간으로 구획해 서민 주거 환경과 단절시켜 삶의 상실감을 증폭시켰다. 산업혁명과 혁신적 기술발전, 삶의 질적 발전 등이 모티브가 되었던 모더니즘 도시건축 경향은 오히려 인간의 삶의 질을 하향 평준화시킨다는 평가를 받았다. 그것은 경제성, 합리성에 근거한 규칙과 교리가 최우선 된 건축의 일반화에 따른 부작용이다. 이러한 폐해에 반동적으로 나타난 현상학과 그에 따른 지역주의 건축 흐름이 있었지만 여전히 객관적 시각에서 주체를 배제하지 못하는 한계로 인해 새로운 해결책을 모색하게 된다. 주체들과의 대화를 중시했던 2세대의 사유는 이성적인 부분뿐만 아니라 인간의 심리와 문화 전반을 포함하는 인류공통의 근본구조에 대해서 보완하고자 했던 구조주의의 흐름과 경관부분의 일부 포스트모더니즘 계열의 논의 그리고 비판적 지역주의가 지역과 콘텍스트와 대화를 통해 점진적인 방식으로 우리를 둘러싼 환경과 도시건축을 긍정적으로 변화시켜나가고자 했던 흐름과 맥락을 이루고 있다. 인정의 개념을 중심으로 하여 발전하고 있는 3세대 호네트의 사유는 기존 구조에 억압되고 소외받고 무시 받고 있는 요소들을 합리적인 방식으로 끌어안아 더욱 안정적이고 바람직한 사회구조를 만들어나가고자 하는 '화해의 사유' 라고 할 수 있다. 도시건축분야와 관련하여 생각해보면, 이성의 시대에 만들어냈던 폐해들을 극복하면서 사회적인 관점에서 비주류, 소외받고 억압받는 계층들이 인간답게 살 수 있는 정주환경과 사회적 조건, 건축적 조건에 대해서 사유하고 실천적으로 변화시키는 것이 중요하다. 그리고 건축 자체에서 이성의 시대에 통용되었던 방법론에 대해 재사유하는 과정을 통해서 기능과 이성의 우선순위를 통해 간과되었던 부분까지도 합리적으로 개선시킬 수 있어야 할 것이다.

0921 빙켈만의 고대예술 모방론과 칸트의 숭고미학

이상적인 아름다움의 모델을 설정하고 합리적 이성으로 미적인 측면을 파악하고자 했던 칸트는 미학에 있어서도 숭고미학을 논했다. 이러한 방향성은 칸트가 실존했던 당시에 예술과 건축에도 많은 영향을 끼치게 된다. 사회비판이론을 창시한 프랑크푸르트학파는 칸트로부터 시작된 독일관념론의 전통의 연장선상에 있다고 말할 수 있다. 표현과 관련된 분야에 있어서도 이들의 사유가 상당한 영향을 끼쳤다. 칸트의 3대비판서(순수이성비판, 실천이성비판, 판단력비판) 중 판단력비판은 아름다움을 어떻게 판단할 것인가에 대해 논하고 있다. 독일의 역사에서 중요한 근대사회로의 이행에 있어서 비스마르크의 눈부신 발전기에 빙켈만의 미학과 칸트의 숭고미학의 개념이 있었으며 건축에 있어서는 신고전주의가 성행했다. 미학적 개념과 신고전주의 경향을 살펴보는 것은 이상적인 모델에 대한 가치를 설정하고 사회의식을 고취하면서 변화와 발전을 이루기 위한 노력과 의지를 확인할 수 있다. 그것은 일정부분 대중들의 미적의식을 고취하여 상향평준화된 사회로의 발전적 이행을 의미하는 것이다.

빙켈만의 대표적인 저서에는 『회화와 조각예술에서 고대의 작품을 모방하는 것에 관한 생각』『고대예술모방론』과 『고대미술사』가 있다. 빙켈만은 고대 그리스의 절대주의적인 미적 이상에 매료되었다. 빙켈만의 저서는 독일에 엄청난 영향을 미쳤다. 독일의 괴테와 실러의 문학은 빙켈만의 고전주의 취향으로부터 많은 영향을 받았다.

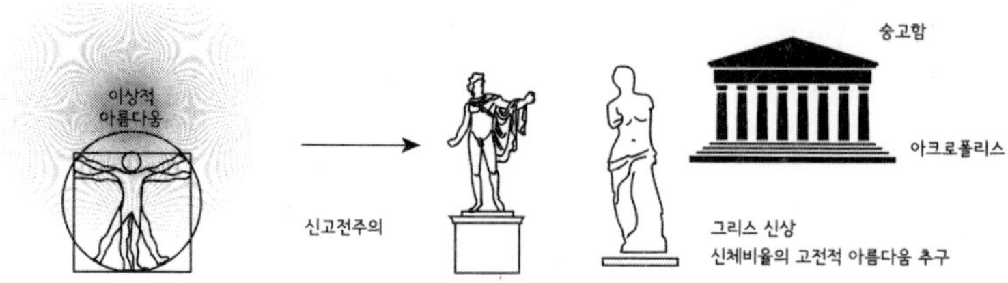

63

바로크와 로코코는 관능적이고 이상적인 고전적인 예술과는 거리가 있다. 감정적 측면이 강조되는 인간의 파토스(정념)가 중심이 되는 예술이 유행하다가 생명력이 다해지는 시점에 빙켈만은 이상적인 숭고미와 고대 그리스 예술에 대한 미적 감각(고대 그리스의 모방론)에 대해서 글을 썼고 대중들의 열렬한 호평을 받았다. 그것은 신체의 비율과 아름다움에 대한 미적 감각에 대해서 고대 그리스의 정신으로 되돌아가자는 주장이었다. 정치적으로는 군주제를 무너뜨리고 민주적인 시민사회를 만들어나가는 유럽의 분위기에서 개인의 자유와 미를 추구하는 시대정신과도 맞아떨어졌다. 그는 이미 완성되어 있던 고대 그리스의 고상한 취향, 미의 이상, 또는 예술의 이상을 되살려내자는 고전적 미의 모방이 화두가 되었다. 이미 완성되어 있는 고전적 아름다움을 되살리고자 했던 것이 당시 유럽인의 화두였고 새로움을 추구하는 미적 열망은 모더니즘 이후 계승되었다. 개인의 자유를 중시하는 분위기는 고대 그리스의 신체의 아름다움을 중시하는 문화에 집중했고 그리스 조각상을 모방하며 신체의 아름다움을 중시한다. 관념적인 아름다움은 자연이 부여한 신체의 아름다움(비율)에서 찾았고 그러한 아름다움의 숭고함을 예술의 매체로 표현한 것이다. 조각과 회화의 형태 속에서 숭고함의 개념이 구현됨으로써 그리스 예술이 완성되는 것으로 생각되었다. 그것은 마치 플라톤의 이데아가 현시되는 느낌이었을 것이다.

아름다움과 숭고함은 다르다. 숭고함은 무언가 건조하고 경건하다. 빙켈만은 고귀한 단순함과 고요한 위대함을 강조한다. 라오콘 상은 극도의 고통을 인내하면

63. 고전주의의 아름다움과 숭고미의 추구

서 죽음을 맞이하는 순간을 형상화한다. 그것은 죽음의 순간에도 고통을 절제하는 숭고함을 표현하고 있다. 그의 콧날은 그리스 신들과 같이 일직선으로 내려온다. 그는 이것을 숭고미가 깃들은 예술작품으로 평가한다. 감정이 격하게 표현되어 있는 것은 감정의 오류로서 저속한 것으로 그는 생각했다.

64

파르테논의 신전과 조각상은 형태만 있고 색이 없는 것처럼 보인다. 빙켈만은 이렇게 감정에 쉽게 휘둘릴 수 있는 색채가 있는 것보다는 그리스 신전 및 조각상과 같이 무색의 형태만 있는 것이 좀 더 숭고에 가깝다고 생각했다.[29)]

뵐플린은 선적 역사주의가 아니라 서로 다른 양식들이 왕복하는 것으로 생각했다. 그러나 빙켈만은 미술사를 탄생해서 성장하고 소멸하는 과정으로 인식한다. 다시 말해 유기체의 생명이 변화해나가는 과정으로 보는 것이다. 그것은 역사를 선적 과정으로 보는 것이며 이러한 시각이 헤겔의 역사관과 이후 사적 유물론에 결정적으로 영향을 미쳤다고 할 수 있다. 고귀한 단순함과 고요한 위대함의 명제는 교육 분야에 있어서도 큰 영향을 미쳤고 괴테와 실러는 이러한 영향을 받아 독일국민의 이상적 교육을 주장했다.

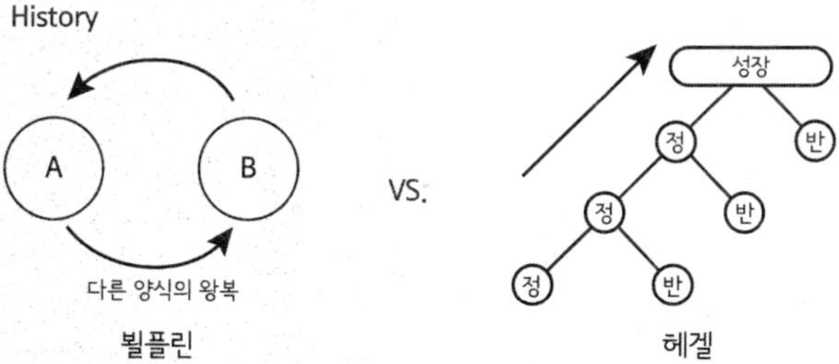

65

64. 라오콘의 이미지
65. 뵐플린의 순환적 세계관관과 헤겔의 선적, 역사의 세계관의 차이

29) 현재의 파르테논이 하얀색의 순수한 매스로 보인다고 해서 당시의 건축물이 그랬다고 착각하면 곤란하다. 당시의 실제 건물은 신의 특성을 표현하기 위해 다양한 장식과 함께 색채가 입혀져 있었던 것이며 그 색채는 오랜 시간에 걸쳐 퇴색된 것이다.

66

그는 예술을 1)고졸(古拙) 양식 2)숭고양식 3)아름다운 양식(미의 양식) 4) 모방자 양식의 단계로 변했다고 본다. '숭고'와 '시뮬라크르'는 정반대되는 개념으로서 서로 대립하면서 서로 보충하고 돕는 관계이다.[30)]

이성을 신봉한 칸트는 인간이 이성적인 존재이며 이성능력이 감성능력보다 우위에 있다고 본다. 그에게 있어서 이성보다 열등한 감성이 좌절되는 것은 자연스러운 것이었다. 인식능력들의 관계에 있어 합목적성을 강조한 것이다. 아름다움이란 이해(利害)를 초월한 순수 판단이며 칸트의 철학은 주체가 감각으로 받아들인 인식 자료들을 오성을 가지고 구성하는 선험적 주체의 철학이다. 그것은 이데아의 세계가 감성적 방식으로 모습을 드러낸 것이라고 할 수 있다.

칸트가 내린 숭고의 정의는 일체의 비교를 넘어서는 절대적으로 큰 것이다. 그것은 자신이 감당할 수 있는 한계를 월등히 초과하는 느낌을 받을 때이며 상상력이 대상을 포괄(감성적 포괄)하는데 좌절하는 상황에서 느끼는 감정이다. 이성이 감성능력 일체를 능가하는 크기, 무한한 전체와 만났을 때 우리는 무한한 전체(총체성)을 생각하는 이성능력을 발견하며 형식을 규정할 수 없게 된다. 아름답고 숭고한 감정을 느끼는 것은 이처럼 인간의 인식능력 바깥의 초월적 규모이거나 노력이 들어간 것일 때 느끼는 것으로, 인간의 의식의 높은 곳에 존재하는 이상적인 모델의 완벽하고 도달하기 힘든 무엇을 대면했을 때 느끼는 감정이다.[31)]

66. 싱켈의 신고전주의 건축

30) 여기서 숭고함은 플라톤의 이데아와 같이 고정적이고 관념적인 개념으로 상정된 것이며 시뮬라크르는 끊임없이 변화해나가는 개념으로 대립적인 개념이다.

31) 한편, 포스트모던 시대로 넘어오게 되면 숭고의 개념은 이성우위의 입장을 거부하고 반복적 불쾌한 것이 오히려 숭고

독일 관념론의 전통에서 미학적인 부분은 숭고한 가치를 설정하고 그러한 이상에 가깝게 현실을 이끌어가려고 하는 의지와 관련이 있다. 물론 현실은 이상과는 절대적으로 다른 가치를 보이지만 이상을 실현시키기 위해 현실과의 조화를 추구하면서 발전을 이루기 위해 이상적인 가치가 현실에서 최대한 드러날 수 있도록 계몽하고 사회적 가치를 드높일 수 있도록 옛 그리스의 정신을 불러일으키고 공공건축에 적극 적용하여 의식을 상향평준화 시키고자 했다. 물론, 이에는 문제점과 위험이 도사리고 있다. 사회비판이론은 이러한 연장선상에서 현실의 비판을 중심으로 이상과 현실 사이에 가로막혀 있는 문제들을 사회적 합의를 바탕으로 극복하고 변증법적으로 발전시키는 전통과 함께 하고 있다.

0922 싱켈과 신고전주의 건축

67

빙켈만과 칸트 미학이 사유와 상호 작용하면서 당대의 건축 양식은 신고전주의가 유행했고 건축에서는 싱켈이 이러한 흐름에 있어서 중심인물이었다. 비스마르크의 통치 이후 국가로서의 '독일' 이 정체성과 힘을 축적하여 세계사에 중요하게 등장하면서 도시건축 및 문화부문에 있어서 중요하게 나타난 흐름이 바로 신고전주의이며 이것은 일정부분 정치적 필요에 의해 민족주의적 성향과 결합되어 전개된 것이었다. 또한 건축에서는 싱켈이 신고전주의를 이끌면서 새로운 시대의 공간과 표현을 예견하게 했다. 신고전주의의 낭만주의적 특성에 있어서 가장 두드러진 점은 해결책을 과거에서 찾는 것이고 고대 그리스의 정신이 에너지의 근원이자 동적인 힘으로 표현되었다는 점이다. 이 시기에는 고전적 내용, 역사적 내용, 엄숙함, 공공을 위해 개인을 희생하는 모습, 애국심, 영웅적 모습 등이 강조되었고 따라서 트로이의 이야기가 인기를 끌었다. 조형과 미학부문에는 완벽성, 이상적이고 절대적인 미, 절대적 법칙 등을 추구하는 신고전주의의 경향이 있었다. 문학 활동이 정부의 통제 안에 가둬지고 규범과 규칙 단순화를 특징으로 했

한 것이라고 생각한다. 의도적으로 숭고의 개념을 전복시키는 것이다. 그것은 기존의 숭고의 개념에 우위를 설정한 사유에서 배제되고 억압되고 소외된 것들의 가치와 권위를 복권시키고 화해시키고 안정화시키는 것과 관련이 있다. 그것은 감정적인 전치만은 인정하는 입장이다. 예를 들어 불쾌→쾌로 변하게 만들거나, 공포에서→안도로 감정을 이끌거나, 당혹적인 감정에서→매력으로 감정을 변화시키면서 숭고의 감정을 이끄는 것을 의미한다.

67. 싱켈의 초상

다. 싱켈의 건축은 독일 통합의 장치, 권력의 상징으로써의 건축이 되었다. 건축에 있어서는 기하학적 질서에 의해 명백하게 단순한 디자인을 추구했다. 신고전주의가 유행한 시대에 대중들은 시대를 초월한 완벽성은 고전적 고대 즉 로마와 특히 그리스 건축에서 성취된 것이라고 믿었고 당시에 성취되었던 절대적 미에 대한 이상을 신봉하여 이를 모방하고자 했다. 당시 독일인들은 재창조하고자 하는 열망과 함께 과학에 근거한 고고학적인 자세로 고전을 재해석하여 재창조하는 시도를 계속했다. 낭만적인 신고전주의에서 자주 사용된 방향성은 크게 두 가지인데, 정육면체, 구, 피라미드, 원뿔 등의 간단한 입체를 이용하는 디자인을 과감하게 사용하거나 그리스, 로마건축의 기둥 엔타블레이쳐 등의 반복적 오더를 사용하는 경향으로 나눌 수 있다. 빙켈만의 표현대로 신고전주의를 요약하자면, 귀한 단순성과 고요한 장엄함으로 표현할 수 있을 것이다. 조형부문에 있어서는 그리스 미술이 보여주는 순수함, 강직함, 단순함, 장엄함을 동시에 취할 수 있는 장점이 있었다. 그것은 민중의 코드와는 달리 보수적인 지배층의 우월적인 입장에서 당시 국민들을 교화하고 선전할 수 있는 수단이 될 수 있는 충분한 가치가 있는 것이었다.

신고전주의는 통일성을 최우선 가치로 생각했으며 그것은 근대국가로서의 시스템과 기능성과 연계된다. 당시 독일에서는 사회지도층이 개혁을 스스로 시행했으며 관료(장교)신분이 매개역할을 하여 입헌군주제와 사회개혁을 주도할 수 있는 동력원이 되었다. 역사주의는 과거와 미래를 무리 없이 연결한다는 점에서 지도층에게 매력적인 것이었다. 또한 신흥 부르주아에게도 급격한 변화와 혁명의 시기에 자신의 기득권을 유지하고 재현하고 확장시켜 나갈 수 있는 집단적인 무의식이 될 수 있었다. 그것은 일정부분 자본의 속성과 어울렸다. 건축적으로 이 시기에는 싱켈로 대표되는 공공건축의 전성기였다. 당시의 고딕열풍과 낭만주의의 결합은 민족주의 정신을 고취시키고 국민을 단결시키며 이데올로기화할 수 있는 좋은 방법론이었다. 프로이센 왕국의 체계적인 질서와 점진적인 발전을 시각화시키고 구체화시키는데 있어서 신고전주의 양식의 건축은 매우 적합한 방식이었다. 1820년대부터 20여 년간 독일 전역에서 활발하게 박물관 건축이 활발했는데 6권에서 살펴본 바와 같이 미술관 박물관 건축은 근대 이성의 발전에서 새롭게 나타나면서 발전한 시설이었다.

그러나 민족주의를 고취시키면서 상향평준화시키려고 하는 지도층의 정치적 행위는 내적 모순과 위험이 도사리고 있다. 그 결합 자체가 정치권의 허위의식과 지배 이데올로기로 작용할 가능성이 높기 때문이다. 우리나라도 1970년대 박정희 정권에서는 보수층의 이데올로기를 교화하고 선전하기 위해 한국성을 강조했으며 한국적 스타일의 콘크리트 지붕을 얹은 공공시설이 기본설계 지침이 되었다. 또한 전두환 정권도 대학생들을 집합시켜 지원하는 국풍 페스티벌을 관 주도로 계획하여 실행했으며 변형된 민족주의 이데올로기를 강제한 역사를 상기할 수 있다. 민족주의는 국민의식을 통합하고 정치적 권력을 강화시키는 도구로 사용될 수 있다.

내적으로는 개신교와 가톨릭의 대립으로 300여개의 제후국들의 통합이 지체되고 불가능할 것처럼 보이던 시기이다. 이러한 상황에서 느슨한 연대로 멸망을 경험했던 신성로마제국과는 다른 강력한 통합의 모습을 보였다. 즉, 가톨릭을 부정하고 개신교의 수호자를 자처하는 프로이센에게는 그리스 고전건축 양식이 목적에 부합했다.

헤겔의 절대정신의 개념은 게르만 국가가 최종적인 단계의 이상적 국가라는 변증법적 사유방식으로부터 나온 것이다. 그것을 구체적으로 보여주는 것이 바로 국가의 구성방식 즉, 국가 텍토닉이었다. 1권에서 살펴본 바와 같이(p42), 헤겔의 변증법은 절대정신이라는 목

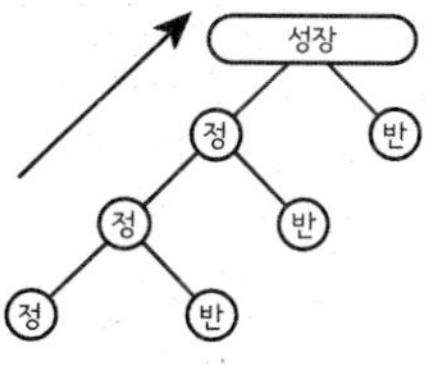

헤겔

68

68. 헤겔의 변증법과 절대정신

적에 이르기 위한 사고체계이다. 모든 시민이 절대 자유를 누릴 수 있는 최고단계의 수준에 이르렀을 때 비로소 절대정신이 실현된 것으로 그는 간주했으며 개인이 전체사회의 보편적이고 합리적인 의지에 따라서 행동하게 된다고 주장한다. 헤겔의 사유는 절대적 자유의 절대정신으로 진화해나가는(목적을 성취하고자 하는 방향성이 있는) 목적론적 사유체계이다. 국가는 이러한 최종단계의 정신을 온전하게 구현할 수 있는 유기체 혹은 오장육부와 같이 각 부분이 숭고한 국가의 정신을 구현하고 기능할 수 있도록 연계되어 힘을 낼 수 있도록 되어 있다. 헤겔은 국가가 생명체처럼 성장하고 운동하며 변화하는 것이며 열려있는 개념으로 보여진다. 완성으로 진보하는 목적론적 시각의 헤겔의 사유가 충분히 감지될 수 있는 부분이다.

프로이센 왕국이 추구한 상부로부터의 개혁은 이렇게 각 기관의 유기적인 연결체계를 강화시키고 효율화하여 강력한 힘을 축적하고 기능할 수 있도록 했다. 그것을 가능하게 했던 것은 바로 관료체계였다. 장교들과 관료는 국가의 통일성과 연속성을 강화시키기 위해 솔선수범했고 도덕적으로 청렴성을 강조했다. 그들은 국가체계가 근대 시민사회에서 전통적인 관계에서 벗어나 자율적인 의식을 갖는 인격체가 등장하는 것으로 보았고 그것이 바로 헤겔이 주장하는 절대정신이 구현된 게르만 사회의 출현으로 생각한 것이다. 근대 이후 국가가 구성되는 방식은 절대정신으로의 변증법적 과정이 물리적으로 실체화된 결과물이며 그러한 외견의 모습과 통치행위를 통해 헤겔은 절대정신에 도달한 직접적 증거가 될 수 있다고 생각한 것이다. 계몽의 변증법적 발전은 인류의 최고선(절대정신)을 이룰 수 있는 시민계급의 완전한 자유와 완전한 민주적 의사결정에 따른 정치체계가 등장할 수 있는 여건을 마련했다. 그것은 유럽의 시민주도의 혁명의 결과로 나타났다. 이른바 헤겔이 언급했던 절대정신의 출현을 목도하게 되었던 것이다. 당시의 유럽은 시민계급이 절대왕정을 타파하고 시민의 뜻과 의지에 의해 자유를 누리며 민주적으로 국가를 통치하는 시기였으며 그것은 시민혁명 시민계급의 성장에 의해

가능했다.

프로이센 왕국은 로마의 영향을 상징하는 가톨릭 권역의 문화에 반대하여 프로테스탄티즘을 고수했다. 프로이센은 순수한 그리스 시대를 동경하며 강건하고 순수한 시대정신을 추구했다. 그러한 정신이 당시 건축공간구조와 경관에 지대한 영향을 끼쳤으며 고대 그리스의 정신을 계승한 단순 명쾌하면서 아름다운 신고전주의 양식을 낳았다. 독일의 신고전주의는 기능을 중시하고 장식을 배제한 순수한 입방체의 구성 텍토닉에 집중하는 근대의 모더니즘 양식과 연결되며 발전한다. 독일에서 이러한 정신은 베를린에서 낭만주의와 고전주의 정신이 결합되어 나타났다. 이러한 문화적 양식은 문학, 음악, 회화, 조각, 공예 등의 다양한 분야에 걸쳐서 영향을 주고받았으며 발전했다. 이 시기의 독일 관념주의는 데카르트 이성에 대한 비판을 통해 정신과 물질로 나뉜 이원적 세계관을 조화시킬 것인가에 대해서 이상적인 방식으로 사유한 바와 같이 이 시기는 이상적인 그리스로 돌아가고자 했던 시기와 맞아 떨어졌다. 그러나 긍정적인 면도 있었으나 그 내부에는 부정적 요소도 있었는데 그것은 바로 민족주의적 특성이었다.

프로이센 왕국 당시의 유럽은 왕권을 위협하는 공화주의, 자유주의, 민족주의 등의 다양한 운동들이 창발되면서 정치적 이데올로기가 극도의 혼란한 상황을 보였다. 이러한 상황에서 프로이센 왕국의 지도자들은 자연스럽게 민중으로부터의 혁명의 위험성과 위협으로부터 심각한 불안을 느꼈으며 그러한 혁명의 움직임을 사전에 차단하기 위해 솔선수범의 모습을 통해 자체적인 변화를 보여줌으로써 신민들의 마음을 달래줄 필요가 있었다. 그러한 시대정신을 상징하는 문화적 양식으로는 신고전주의를 채택했다. 이전 세대와 급진적인 단절을 보이는 민중으로부터의 혁명을 상징하는 문화와는 달리 신고전주의는 과거와 현재를 유연하게 연결하는 특성을 보이는 바 보수적인 변화를 원했던 당시 독일 지도층에게 환영받았다.

프로이센은 독일 민족의 고유한 문화를 계승하고 발전시킴으로써 민족의 해방과 통일을 쟁취하고자 했다. 낭만주의와 고전주의가 결합하여 낭만적인 프로이센 신고전주의가 나타났으며 고대 그리스의 관념적으로 이상적인 부분들이 독일 민족주의와 결합하여 독일 신고전주의 흐름을 만들어냈다. 그것은 일정부분 유럽 전역에서 유사하게 발전한 것이었으나 시민에 의해 전제군주제가 전복되어 새로운 체제가 수립된 대부분의 유럽 국가들의 역사와는 달리 위로부터의 점진적 개혁을 통해 변화되었던 독일은 상대적으로 세련되고 낭만적인 민족주의적 색채의 문화와 함께 보수적인 건축경향을 만들어낼 수 있었다. 또한 가톨릭의 영향이 덜한 북부 독일 지역은 로마의 문화보다는 보다 순수하고 강직한 그리스적인 성향에 가깝게 근대성을 성취할 수 있었다. 신고전주의는 지도자층의 보수적 색채에 부응하기 위해 전복성이 강한 새로운 문화보다는 과거로부터의 연속성에 초점을 맞추고 있었으며 이로 인해 혁명에 의해 변화되었던 다른 유럽의 방향과는 달리 고유한 색채의 문화를 만들어 낼 수 있었다.

싱켈은 신고전주의 시기의 독일 근대건축의 대표적인 건축가로 손꼽힌다. 싱켈은 독일의 건축가 및 화가이자 고전주의 건축의 대가로 칭송받는 건축가로서 1805년까지 이탈리아, 프랑스에서 유학하고 1808년부터 베를린에서 활약했다. 그는 고딕 건축에 관심이 깊었으나, 그의 건축은 그리스 건축이 갖는 고전양식과 강한 연관을 보였다. 대표작으로는 베를린 국립 극장과 베를린 고대 박물관등을 들 수 있다. 싱켈이 건축가로서의 역량을 펼쳐 보이기 시작한 1808년 당시 독일은 외적으로 프랑스와의 예나 전투, 아우어슈테트 전투 등에서 연달아 패배하여 영토의 절반을 잃고 온갖 내정간섭을 당하던 프랑스 지배를 받는 속국이 되었다. 프랑스에 의한 지배는 독일인들에게 민족으로서의 자각심을 불러일으키는 계기가 되었고, 하인리히 폰 클라이스트 같은 열광적인 애국자들이 나타나 독일 통일을 목표로 하는 민족주의가 고취되었다.

69

싱켈은 고딕에 마음을 뺏겼으며 그리스의 낭만적 요소와 '질서'를 매개로 하여 근대적인 종합을 이룰 수 있었다. 공공건축이나 왕가의 궁전건축 또는 도시계획과 대부분의 건축적 유산을 남긴 싱켈은 보수적 색채와 낭만적 신고전주의의 대가가 되었다. 또한 그가 설계한 박물관은 이 시기에 활발하게 나타난 시설로서 학예사와 지도층에 권위를 제공하고 지식을 분류할 수 있는 권력을 부여하여 신민을 교화하는 근대적인 권력도구로서 작용했다. 싱켈이 그것의 정점에 있는 작품을 설계했다는 점에서 상징성이 있다. 그러나 앞서 언급한 바와 같이 엘리트로부터의 개혁이라는 과제에 부응하여 싱켈 역시 관료로서 단순히 낭만적인 허식에만 매달린 것이 아니라 새로운 시대성과 근대성을 종합하고자 노력했고 국가 역시 이에 적극 부응했다.

건축역사학자 클라센은 다음과 같이 언급한다. '싱켈은 건축에 있어서 낭만주의가 발전하던 긴 역사 속에 서있다. 초기에는 데카르트가 있으며 로지에는 그의 철학적 사상을 건축적 언어로 해석하여 듀랑에게 영향을 미쳤으며 길리는 베를린에서 싱켈을 가르쳤다. 그 다음으로 페터 베렌스로 이어지며 이는 러시아의 성페테르스부르크에 있는 대사관 건물의 설계에서 알 수 있다. 그리고 마지막으로 미스 반 데어 로에에 이르는데 그가 설계한 크라운 홀이 바로 그 예에 속한다.' 32) 이처럼 신고전주의의 낭만적 건축을 대표하는 건축가 싱켈은 고전주의와 절충주의 모두를 잘 디자인 했다. 그의 건축은 이후 모더니즘이 태동하고 발전하는 상황에서 독일 건축경향에 있어서 지대한 영향을 끼치게 된다. 미스의 크라운 홀과 베를린

69. 싱켈의 알테스 뮤지엄과 미스의 크라운 홀, 베를린 미술관

32) 비난트 클라센, 심우갑 역, 서양건축사, 대우출판사, 1998, p199

미술관은 베를린 고대 미술관을 재해석한 것이라고 알려져 있다.

새로운 시대를 향한 민중의 열망과 그것을 인식한 지도층의 자발적인 변화는 가히 피 없는 혁명이라고 할만 했다. 그들은 사회의 격변 없이 스스로 변화를 이루었고 역량을 결집할 수 있었다. 프로이센의 고위 관료들은 구체제의 허례허식을 타파하고 청렴하고 엄격한 지도력으로 새로운 시대의 가치와 경제적 부흥을 꾀할 수 있었다. 독일국민과 문화적 특성에서 일관적으로 보이는 엄격함과 단순함, 또는 장엄함까지 나타나는 모습은 모두가 고통을 묵묵히 감내하면서 예술적으로 승화시키는 독일국민의 특성이 외적으로 드러난 것으로 해석할 수 있다. 국가는 국민들에게 관료가 될 수 있는 사회적 신분상승의 기회를 부여하여 지도체계의 정당성과 자발적 복종 및 엄정한 지배를 강화할 수 있었다.

1840년대부터 1870년대까지 독일은 창업시대라고 불리는 경제부흥기를 맞이하게 된다. 그것은 위로부터의 개혁과 시민들의 자발적인 경제부흥의 역량을 결집한 결과였다. 시각적으로 드러나는 건축의 텍토닉 부문에서 당시 지도층이 신고전주의를 선호하며 채택한 것은 역사적 선례로부터 현재의 건축적 구축방법론을 수립함으로써 자연스럽고 매끈하게 과거와 현재를 무리 없이 이어주며 집권층의 권위와 이익을 보전해주는데 효과적이었기 때문에 지도층에서 선호하게 되었다.

싱켈의 신고전주의는 이상을 현실에서 구현하고 대중들의 미적의식을 상향평준화하기 위해 어떤 방식을 사용하는지에 대해 보여준다. 그것은 칸트로부터 시작되는 독일 관념주의에서 이상과 현실의 간격을 줄이려고 하는 노력과 함께 이후 실천을 통해 점진적인 변화와 발전을 이루고자 하는 프랑크푸르트학파의 사유와 연계된다고 할 수 있다. 또한 물리적 환경 분야인 표현 및 공간구조에 있어서 신고전주의는 이상적인 아름다움을 상정하고 현실에서 구현하고자 했고 모더니즘의 효시를 이루는 중요한 단서가 되어 사회변화의 중요한 역할을 하게 된다.

0923 이상에 기술이 접목된 대중적 독일 디자인의 역사

싱켈의 신고전주의 건축경향 이후 영국에서 산업혁명이 발생하게 되고 대중의 생활과 경제적 여건이 성숙되면서 인류최초로 대도시가 발생하며 다양한 문화적 변화가 이루어졌다. 독일에서는 베를린 등의 대도시에서 그러한 양상들이 창발했다. 산업혁명으로 기계에 의한 대량생산으로 수공업자들은 경쟁력이 뒤처지면서 실업자가 되거나 자본가가 운영하는 공장의 노동자 신세로 전락했다. 이에 그들은 기계의 발전이 빈곤의 원인이 되는 것으로 오해하고 기계파괴운동(러다이트 운동)을 벌였다. 그러나 강경탄압과 경기회복, 대규모 공장의 발전으로 결국 대세를 거스를 수는 없었다. 이러한 산업혁명으로 만들어진 대량생산은 제품을 싼값으로 획득할 수는 있었지만 심미적, 기능적 품질은 형편없이 떨어지는 것이었다. 사회문제가 될 정도로 공업제품의 수준이 심각해지자, 존 러스킨의 사상에 경도되어 윌리엄 모리스는 수공예 부흥을 꾀하기 위해 1860년대부터 미술공예운동(Arts and Crafts Movement)을 활발하게 전개했다. 모리스는 기계에 의한 대량생산이 만들어내는 기능과 질의 저하가 생활 속의 미를 파괴할 것이라는 우려에서 가구·집기·옷감 디자인·제본·인쇄 등 응용미술의 여러 분야에서 '수공업' 제도와 가치를 중시했다. 그러나 이 또한 세계사의 거대하고 도도한 흐름을 거스를 수는 없었다.

70

71

70. 기계파괴운동(러다이트 운동)
71. 모리스의 수공예 장식

러스킨과 모리스의 생각과는 달리, 대중들을 위해 상향평준화 된 디자인을 향유할 수 있도록 노력했던 전통을 가지고 있는 독일은 뛰어난 공업기술이 주도하고 있었다. 그것을 가능하게 했던 것은 앞서 언급한 독일성과 관련된 것으로 독특한 종사제도와 숙련된 장인정신, 학문적 발전, 관료제의 책임감과 도덕성에 있었다. 법과 조약을 신봉하고 대중의 생활수준과 미적 수준을 높이고자 하는 이상적 수준을 설정하고 일정정도 이상의 수준 높은 생활을 유지하는 절대정신을 이루고자 했던 독일사유의 특성이 바로 디자인과 건축분야에서 독일공작연맹과 바우하우스라는 조직, 운동 그리고 행동의 결과물로 나오게 되었다.

독일공작연맹의 주요한 모토는 대중화, 규격화였으며 이러한 가치를 중시하는 흐름은 기존 구조적 질서를 존중하면서 전체의 프레임을 형성하고 대중화시키며 전체적으로 근본적인 구조의 질을 끌어올렸던 힘이 작용한 것이었다. 또한 독일공작연맹의 기본이념은 기존의 일품제작의 수공예작업에서 벗어나 기계를 이용하여 미술과 공업, 수공예와 상업을 결합시키고 객관적이고 합리적인 디자인을 추구하며 대량생산을 가능케 하는 것이었다. 그것은 일반 시민들도 상향평준화된 높은 수준의 디자인과 건축문화를 향유하는 절대정신의 국가가 되어야 한다는 국가적 신념의 연장선상에 있었다고 할 수 있다.

–독일공작연맹의 창립배경

앞서 살펴본 바와 같이 독일은 오랜 기간 동안 통일이 되지 않아 유럽의 다른 나라에 비해 상대적으로 늦게 산업화가 시작되었다. 비스마르크의 통일 이후 국가적 차원에서 민족주의를 강화하며 독일경제의 발전을 대대적으로 고취했고 유럽대륙에서 뒤떨어진 독일기술을 선진 국가와 경쟁할 수 있는 것이 디자인이라 판단하여, 대기업직원과 함께 산업생산과 디자인을 결부시키려는 후원이 적극적으로 이루어졌다. 그 결과 수공예운동, 아르누보 운동 등 기계생산에 대해 덜 적극적이었던 유럽의 건축 상황에서 선진국으로서의 주도권이 독일로 넘어오게 되었다.

독일공작연맹은 1907년 10월 뮌헨에서 창립총회를 개최하면서 설립되었다. 공작연맹은 공업, 상업, 예술분야에서 최고의 지혜를 모아 공업적으로 대량 생산된 제품과 건축의 품질을 개선시키는 것을 주요 목적으로 하여 창설되었다. 따라서 이 단체는 건축 실무에 종사하고 있는 건축가는 물론이고 공업용, 상업용, 주택용 제품을 디자인 하거나 생산하는 디자이너, 공예가, 기업가 등 다양한 사람들로 구성되었다. 독일공작연맹의 창립총회에서 표명된 공작연맹의 설립취지는 다음과 같다.
"예술과 산업과 공예의 힘을 결집하자. 그리고 교육과 선전과 현상이 일치된 자세에 따라 상업제품을 향상시키자." 모순적인 두 상황이라는 외적 조건에서 대중생활의 질을 높이고자 했던 이상을 설정하고 실천하고자 하는 것이 핵심이다. 오늘날의 학제간 '융합' 이 화두가 되고 있는데, 한 세기 전 그들은 건축, 공예, 디자인 분야의 융합과 창의적인 교육시스템을 선구적으로 실험하며 인류발전에 많은 도움을 준 것이다.

독일공작연맹의 창립자들로 최초로 제창한 이는 헤르만 무테지우스Hermann Muthesius이며 조직을 추진한 중심인물이었으며 자유정치가, 사회이론가인, 프리드히리 나우만Friedricd Naumann과 벨기에 출신 아르누보 건축가인 앙리 반 데 벨데Enri Van de Velde가 협력했다. 앞서 언급한 미술공예운동의 단점은 당시 기계를

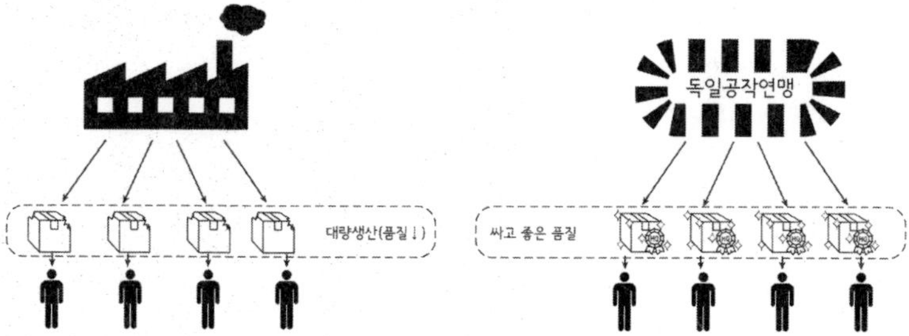

72

72. 독일공작연맹의 질 좋은 디자인의 대량생산 시스템

통한 저질의 대량생산을 전면적으로 부정하고 수작업을 통한 예술성과 일품성만을 인정했다는 점이다. 그들의 행위의 치명적인 단점은 지나친 소량 생산만 실행하고 그로 인해 대중화, 일반화되지 못하고 소수를 위한 디자인이어서 산업화에 역행한다는 점이었다. 독일공작연맹은 이러한 모순적 현상을 동시에 인정하며 산업과 수공예를 결합하여 규격화된 합리적인 양식으로 발전시킬 수 있는 방향을 찾는데 노력했다. 무테지우스는 규격화를 주장했는데, 그는 새로운 시대에 새로운 조형은 즉물적으로 형성되도록 유도되어야 한다는 확신을 가지고 개인주의적 조형에 반대하며 디자인의 통일과 규격화를 주장했다. 앙리 반 데 벨데는 유겐트스틸의 개성주의, 규격화에 반대하며 다음과 같은 반론을 제시했다. 예술가는 항상 개인주의적 일수 밖에 없다. 예술가의 개인적 창조성을 존중하기 위해서 표준화, 규격화, 규범을 받아들일 수 없다!" 그로피우스는 반 데 벨데를 지지했지만, 나중에 바우하우스를 창립하고 1922년 이후 공업화를 지향하는 진로를 선택한다. 그러나 근대화 과정에서 독일공작연맹은 무테지우스의 규격화 이론을 따르는 방향으로 전개 되었다.

독일공작연맹은 당시의 디자인에 관한 많은 흐름을 통합했으며 20세기 초 독일의 산업 및 경제 성장에 지대한 역할을 담당했다. 그것은 단순히 수공예적인 측면에서의 장점과 제조업의 결합으로 양측의 장점을 취합하여 대중의 생활수준향상과 산업의 발전을 동시에 이룰 수 있도록 한 것이었다. 이것은 기능적, 구조적, 기하학적 디자인을 성취함으로써 미술과 산업을 결합하고자 했던 독일 디자인의 흐름을 만들었으며 미술가의 역할을 재정립할 수 있는 계기를 만들었다. 이후 이 운동은 바우하우스의 형성과 교육철학에 지대한 영향을 미쳤다. 독일 공작연맹은 산업, 예술이 새로운 차원에서 대중의 생활에 공헌할 수 있는 현대 디자인 탄생에 많은 영향을 끼쳤다.

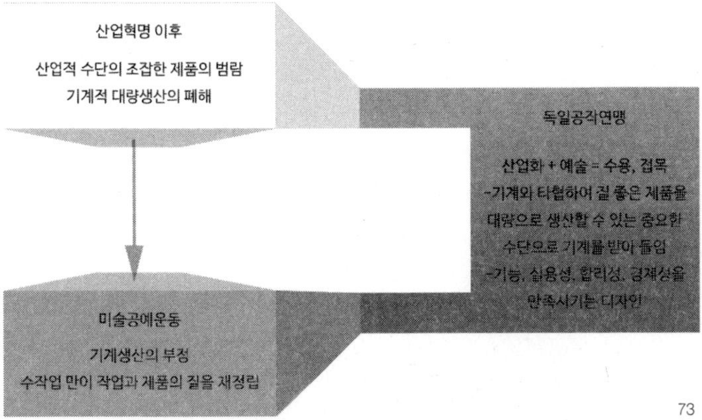

73

74

독일공작연맹과 근대 독일의 사유의 공통점을 생각해보면 독일 관념론자들이 가지고 있던 이성의 사유와 실천을 결합하여 새로운 방향성을 추구하며 이상적으로 종합하고자 했던 것과 연계된다. 수공예적인 미적 감각과 대규모 기계생산이라는 당시의 이원적 현실을 종합하여 새로운 방향성을 나타내고자 했던 흐름은 이러한 시대적 정신과 함께 한다고 볼 수 있다.

건축 작품과 관련하여 독일공작연맹의 작품을 살펴보기로 하자.
피터 베렌스의 AEG터빈홀은 공업과 예술의 결합을 목표로 삼은 그의 건축 특성

73. 독일공작연맹의 의의
74. 피터 베렌스 AG터빈공장과 내부전경

을 가장 두드러지게 보여주는 건축물이다. 신전과 같은 남측 전면외관과 커튼월은 싱켈의 신고전주의 건축 이후 그리스건축의 강직함, 간결함, 엄격하면서도 동시에 완벽성을 추구하고자 하는 건축의 연장선상에 있다고 볼 수 있다. 스타일로 보았을 때 이 건축물은 장식을 배제하고 매스감과 비례의 처리에 의한 미적 형태가 기술시대에 적합한 형태라고 말할 수 있다. 이상적인 기념비성(신고전주의적인 낭만성)과 실용성이 적절하게 조화되어 있는 이 작품은 신고전주의라는 시대정신과 근대 독일 건축이 결합된 것으로 볼 수 있다.

75

발터 그로피우스의 대표작 파구스 공장은 페브스너가 언급한 바대로 20세기 기능주의의 출발점이었다. 공장의 모퉁이 부분에 기둥을 없애고 커튼월로 계획한 것은 당시의 기술력과 천편일률적인 구조형식(벽식 구조의 한계)으로 보았을 때 대중들에게 혁명적인 이미지였다. 이 작품은 조적조와 유리에 의해 조합된 산업건축의 모델이 되었다.

마지막으로 바이젠 호프 집합 주거단지는 1927년 독일공작연맹의 실험주택 단지로서, 33개의 거주단위와 24세대가 입주하는 아파트 동으로 구성되어 있다. 이 단지는 미스가 중심이 되어 당대 모더니즘 건축의 대가들이 초청되어 계획되었다. 독일공작연맹의 정신과 같이 대중들에게 이상적인 높은 미적 수준을 만족시키면서도 규격화와 산업화의 재료와 구법과 설비를 사용함으로써 건축적 질을 혁명적으로 향상시킬 수 있는 이정표가 되었다. 참가하는 건축가들은 디자인을 맘껏 계

75. 그로피우스 파구스 공장

획할 수 있었지만 평지붕과 하얀 외벽을 요청받았다. 이것은 후에 국제주의 건축에서의 기본적인 양식이 되었다. 이 단지의 계획들은 여러 갈래의 모더니즘 건축이 한 갈래로 모여 응축되어 정리된 것으로 볼 수 있다. 이들의 활동으로부터 산업화의 대량생산방식으로 철골구조, 철근 콘크리트, 유리가 제작되고 이런 재료와 건축구법의 획기적인 발전은 국제연맹 건축가들에 의해 정립된다. 돔-이노 구조는 현대건축의 근본적 요소와 가능성이 되는 국제주의 5원칙으로 정착되었다. 국제주의 5원칙은 세계 어디서든 지역성과 재료, 문화, 역사를 고려하지 않고도 현대적 특성을 잘 반영한 새로운 기능성 주거 공간을 가능하게 하는 양식이다. 미스는 디테일의 완성도를 높이고 무균질 공간과도 같은 엄정한 디자인을 적용한 현대고층건물의 표본을 제시했다. 그러나 이렇게 모형과 같이 비인간적인 비물질화된 공간을 무한반복하고 증식시키는 것은 마치 제국주의와 같이 폭력적이고 오만한 측면을 드러내는 결과를 보였다. 커다란 변화와 발전을 이루었던 근대이성의 밝은 부분 이면에 존재했던 어두움을 경험한 인류는 부작용에 대한 근본적인 회의를 통해 점차 새로운 방향성을 찾기 시작하였으며 그러한 흐름은 현상학, 구조주의, 후기구조주의적인 사상의 흐름을 만들어냈다. 프랑크푸르트학파 1세대의 사유는 폭력적이고 오만한 근대 이성의 사유를 비판 및 반성하고 새로운 방향성으로 보완 발전해 나갈 수 있다는 사유를 가지고 있었다.

—바우하우스의 창립배경과 발전

독일공작연맹과 함께 대중들의 미적 수준을 끌어올리고자 했던 움직임은 바우하우스로 이어져 꽃을 피우게 된다. 바우하우스는 전 유럽의 미적생산과 관련된 선구자들이 모여 조직적인 운동과 교육시스템으로 협력하여 발전했다. '유럽의 모든 디자인과 건축운동의 저수지' 라는 표현이 쓰일 정도로 바우하우스는 당시 유럽 각국의 디자인과 건축분야의 최고 지성들이 모여서 교육 및 디자인, 건축운동을 전개하는 문화의 산실이었으며 전 세계로 정신과 교육 시스템이 전파되는데 주도적인 역할을 수행했다. 바우하우스는 발터 그로피우스에 의해 설립되었으며 바우하우스는 나치의 박해로 인해 학교가 폐교되기까지 14년 동안 세계사적으로 많은 영향을 끼쳤다. 그는 바우하우스의 구상, 커리큘럼, 그리고 교수진 선정까지 전 과정에 있어서 지대한 역할을 했다. 바우하우스는 응용미술에 대한 교육개혁의 성과로 '건축을 주제로 한 모든 창조적 예술의 통합을 위한 교육의 장' 이었다. 1930년에는 건축가 미스 반 데어 로에가 바우하우스의 교장으로 부임했지만 나치의 탄압으로 바우하우스는 폐교되었고 마지막 교장으로 남게 되었다. 바우하우스의 교육철학은 독일보다 미국에서 더 확산되었다. 초기 학장이던 그로피우스가 하버드대 건축학부장으로, 미스 반 데어 로에는 일리노이대학 건축학부장으로 역임하는 등 바우하우스의 인재들이 미국 건축계와 더 나아가 전 세계에 큰 영향력을 끼쳤다. 바우하우스의 설계방법, 팀작업, 교육이념과 교수법의 대부분이 현대의 예술학교에도 그대로 사용되고 있는 것을 보면 바우하우스가 얼마나 우수한 예술 학교였는지 알 수 있다.

바우하우스는 독일공작연맹과 일정부분 창립목적 부문에서 연계된다. 그들은 기계생산 제품에 예술적인 영혼이 없음에 대한 불안과 불만으로 예술적 질의 저하를 가져오는 상황을 극복하고자 했다. 바우하우스는 대중의 예술적 삶의 질 향상을 목표로 하며 예술성(창의력)과 제조업의 차이를 극복하며 결합시키는 것을 목표로 창설됐다. 바우하우스는 당시 표방했던 강점을 유지하면서 중세 길드 시스템의 실용적인 기술, 공예 및 기술에 중점 을 두고 이러한 연계를 추진했다. 또한 미술 및 공예의 결합에는 현대 산업 사회의 문제 해결 목표도 함께 주어졌다. 이 과정에서 바우하우스는 효과적으로 예술과 건축을 통합시켰고 조각과 회화 등 예술과 어울리는 수준의 공예를 배치하고, 20세기 후반에 영감을 많이 준 예술가들의 아이디어를 많이 실행시켰다.

그로피우스는 하나의 창조적인 표현으로 건축, 조각, 그림 그리기를 결합하는 유토피아적인 공예 결합해야 한다는 바우하우스 선언(1919)을 발표했다. 이 선언에

76

서 그는 예술과 디자인의 결합을 위한 비전을 설명했다. 바우하우스의 선언문을 살펴보면 건축을 중심으로 모든 미술활동을 종합하여 조각, 건축이 일체가 되는 종합예술을 창조해야 함을 역설하고 있다. 실제로 바우하우스는 미술, 산업 디자인, 그래픽 디자인, 타이포그래피, 인테리어 디자인, 건축을 포함한 모든 예술 매체의 전체를 포괄해야 한다고 생각했다. 그는 다양한 분야와 각 분야 사람들과의 협력이 가장 중요한 창조 환경이라고 생각했다. 순수 예술가들이 세속적인 상업적 공예가를 인정하고, 종교 · 문화가 다른 가치관도 수용해야 한다고 생각했다. 새로운 건축은 새로운 기술을 경험함으로써 도달할 수 있는 것이라고 여겼고 건축은 그 시대의 기술에 대해 정직해야한다고 주장했다. 즉, 새로운 건축에서 드러나는 형태는 그 시대의 정신적, 사회적, 기술적 조건에 따라 자연스럽게 필연적으로 발전되어야 한다고 보았다. 앞서 언급한 힐베르자이머는 반예술적이고 기계적인 도시의 풍경을 제안하는 사회주의적 도시계획을 제시했다. 그는 현대 도시계획의 주요 이론가로서 1924년의 고층도시는 두 가지 레벨의 층을 이루며 저층부는 공방, 경공업, 시장, 차고 등으로 사용되고 상층부는 도시 근로자의 아파트로 사용되는 도시계획을 제시했다.

바우하우스는 마이스터 호칭을 통해 교수와 학생의 수직적인 구조에서 벗어나 예술가이자 공예가인 학생들과 차별을 타파하고자 하였다. 특히 파울 클레, 바실리 칸딘스키와 같은 유명 화가들이 형태 마이스터(교수)로 임용되기도 하는 등 바우하우스의 교육수준은 평등하고 유기적으로 연계된 교육이었다. 바우하우스에 입

76. 바우하우스 전경과 교육과정

학하게 되면 학생들은 형태와 색채에 대한 기본 원리를 6개월 동안 배우고, 다음 단계로 3년간 공예교육과 형태를 교육받았다. 각 공방에서 3년을 마친 이후에 ' 건축과정 '이 커리큘럼에 추가되어 앞서 배운 모든 것들을 활용해 건축에 적용하게 되는 과정이었다. 이후 졸업생들이 교수진으로 참여하고, 새로운 디자인 방식을 도입하는 등 바우하우스는 다시 활기를 띠게 되었다. 바우하우스에서 시작된 디자인에 대한 정립과 사회 참여 및 실천하는 교육은 향후 미국을 비롯해 현대 디자인의 주류에 지대한 영향을 끼쳤으며 많은 건축가를 양성하는데 초석이 되었다. 바우하우스의 의미는 독일공작연맹과 함께 이상과 현실의 상반된 조건들을 실천을 통해 종합하고자 사유했던 점에 있었으며 이것 역시 사상적인 측면에 있어서 독일 관념주의 전통의 연장선상에 있었던 것으로 볼 수 있다. 이러한 정신에 입각한 교육방식은 미국에서 꽃을 피워 전 세계로 전파되었고 팀작업의 방향성은 SOM과 같은 대규모 설계조직의 발전에 큰 영향을 끼쳤다.

한 번의 거대한 혁명으로 송두리째 시스템을 바꾸면서 사회적 댓가를 비싸게 치렀던 프랑스와는 달리 독일의 경우, 지배층과 시민들의 암묵적 합의와 노력을 통해 점진적인 발전을 이루어나갔다. 이 과정에서 시민들과 지배층(상류층)의 의식과 미적 수준이 상향평등화 될 수 있도록 했다. 미학과 디자인 및 건축분야 등을 포함하는 물리적 환경 분야에서는 대중들이 의식을 고취시키면서 고루 그러한 문화를 향유할 수 있도록 이상과 현실과의 조화, 대중의 수준을 끌어올리게 되었다. 그러한 전통과 교육시스템은 양차 세계대전을 거치면서 미국을 거쳐 전 세계에 확산되어 인류에게 많은 도움이 되었다.

0924 독일 전후 건축 및 도시건축의 변화와 독일 건축가

이상적인 관념과 실천을 접목시켜 변증법적으로 발전시키고자 했던 독일관념론의 흐름과 함께 직접적으로 대중들의 삶에 영향을 끼치는 분야는 도시건축분야일 것이다. 청렴한 엘리트들이 사회적 비전을 제시하고 순종적으로 이상을 위해 현실을 점진적으로 개선시켜 나가는 역사는 일정수준 이상의 합리적이고 심미적인 결과물을 가져오는 독일의 문화적 특성과 강하게 연계된다.

77

19세기 독일의 수도 베를린은 유럽의 3대 대도시로서, 자본이 한창 태동하던 곳이었다. 당시 베를린은 대부분 임대를 위한 군대 막사식의 천편일률적인 주거유형이 확산되어 있었고 주거의 수준은 극도로 열악했다. 이 도시는 채광 통풍이 열악하고 범죄와 질병이 창궐하여 사회적 문제가 양산되는 도시였다. 대규모 가로와 호화찬란한 권력기관과 공공기관이 중심이 되는 파리, 런던과는 달리 베를린은 당시 유럽에서 대규모의 대도시(메트로폴리스)로 인정받고 있었지만, 주거상황은 거의 천편일률적으로 사회임대주택의 거대한 집합적 이미지로 구성되어 있었다. 대도시이기는 했으나 베를린은 다른 대도시보다 좀 더 사회주의적 관점의 경향이 우세한 도시였으며 산업화로부터 파생된 대규모 노동자의 주택이 우세했다고 보는 것이 정확한 표현일 것이다.

독일은 1923년에 금융을 개혁함으로써 경제가 안정되고 사회경제적으로 발전했으며 노벨상을 수상한 다양한 분야의 과학자들(알버트 아인슈타인, 프리츠 하버, 아놀트 츠바익 등)이 과학기술의 발전을 이끌어 황금의 20년대 후반을 만들면서 선진국에 도달할 수 있도록 노력했다. 이로써 1920년대 베를린은 유럽대륙 최대의 공업도시이자 세계적으로 정신계 및 문화생활의 중심지로 부상하였다. 일찍이 발터 벤야민은 파리, 모스크바, 베를린 등의 도시탐험을 통해 근대성에 대한 진지한 고찰을 선구적으로 수행했다. 1차 세계대전 이후 전후 복구가운데 정치와 예술의 혁명을 통해 새로운 건축을 실현시킬 수 있다는 생각을 가지게 되었다. 이러한 사회분위기와 도시공간구조는 자본의 발전과 근대의 산업혁명으로 대표되

77. 19세기 독일 베를린 전경

78

는 이성의 시기의 어두운 측면이었다. 베를린은 지난 한 세기 동안 한반도의 서울 만큼 20세기의 모든 인류의 고통과 문제가 응축된 시련을 겪은 도시이다. 수많은 정치적, 문화적, 체험을 겪으면서 독일 도시건축에 많은 변화와 영향을 끼쳤다. 유럽에 훌륭한 파리, 런던, 로마와 역사적으로 비교하면 현재 베를린은 짧은 시간 동안 엄청난 건축적 성과를 성취했다. 근대 베를린 시의 형성과 발전과정은 20세기에 변동적인 정치, 문화, 역사를 상징하는 것이다.

—1918 ~ 1945 (1차, 2차 세계대전 기간) 시기의 도시건축의 변화 양상

독일현대건축은 1차 세계대전 이후부터 2차 세계대전까지와 2차 세계대전 이후 분단되었다가 냉전을 거쳐 통일되기까지의 시기 그리고 통일 이후의 시기로 분류된다. 독일공작연맹과 바우하우스로 이어지는 독일 엘리트들의 선구적인 건축, 디자인 운동으로 인해 독일은 미학과 산업을 유기적으로 결합하고 종합하여 심미적이면서 질적으로 우수한 제품을 제공하여 대중의 미적 수준과 생활을 향상시킬 수 있는 교육과 시스템을 만들었다. 1차 세계대전 이후, 이러한 선구자들은 사회주의적, 정신적 변화를 통해 정치와 예술적 혁명을 추구하는 새로운 건축을 실현시킬 수 있다고 생각했다. 1차 세계대전의 패전 이후 공화국을 선포한 독일은 정부가 직접 부동산 관리와 복지시설을 투자함으로써 사회주거시설을 주도했다. 이를 통해 1920년대 베를린은 유럽대륙 최대의 공업도시이자 세계적인 정신계 및 문화생활의 중심지로 부각되었다.

78. 19세기 독일 베를린 전경과 Alexander Platz

발터 그로피우스(Walter Gropius), 미스 반 데어 로에(Mies Van Der Rohe), 한스 샤로운(Hans Scharoun) 등은 이 시기에 전 세계적으로 건축분야에 새로운 근대화의 바람을 일으켰다. 독일 정부는 프로이센 제국이 무너지고 공화정이 들어서는 혼란한 정국에 중세시기의 공동체와 같은 사회적 장치를 통해 부활을 기대했다. 당시 지도층은 19세기 유럽자본주의의 무한 팽창으로 인해 발생한 세계대전에 대한 회의와 국가정체성을 예술을 통해 찾고자 했다. 이러한 방향성은 역시 시민보다는 정치지도자와 엘리트가 솔선수범하며 국민이 철저하게 믿고 따르는 사회분위기의 연장선상에서 시행된 것이다.

79

이러한 시기에 민족주의는 정치 지도부에게 있어서 매우 중요한 통치수단이 되었으며 건축은 이것에 가장 잘 부합할 수 있는 새로운 발전과 동력의 상징이 되었다. 정부는 사회 민주적 개혁을 위한 대규모 주거와 도시계획을 시행했는데 공공공간, 광장들은 당시 시민계급의 민주주의적 열망을 반영한 것이었다. 1차 세계대전 이전 독일 근대화 시기의 도시건축은 경제적으로 열악한 상황에서 최대한 빠른 시간에 시민들의 거주환경을 조성하는데 역점을 두었기 때문에 녹지가 부족한 상태의 기하학적인 고밀도의 단지가 형성되어 답답한 경관을 형성하는 경우가 많았다.

이것은 산업혁명 이후 발생했던 근대화의 어두운 면이었으며 이러한 경관으로 인해 많은 사회문제들이 야기되었다. 그러나 전후 독일정부는 경관과 높이를 규제하고 오픈 스페이스와 녹지 축을 설정하는 도시계획을 시도함으로써 새로운 주거환경을 만들어냈고 정부는 사회, 민주적 개혁을 위한 대규모 주거와 도시계획을

79. 19c 독일 임대주택 전경

시행했는데, 공공공간, 광장들은 민주주의적 열망을 반영된 계획을 선보였다. 이것은 하워드의 전원도시로부터 상당부분 영향을 받은 것이었다.[33] 이러한 경향을 대중이 향유할 수 있도록 도시설계 분야에서 꽃을 피운 곳이 바로 독일의 중소도시였다.

독일 도시건축은 독일 관념론의 연장선상에서 미적 기준과 인간다운 생활수준의 상향평준화라는 이상을 설정하고 대중의 수준을 전반적으로 향상시키기를 추구했고 그것은 특정 계층의 화려한 소수의 건축과 장식보다는 다소 무미건조하더라도 많은 수의 대중이 전체적으로 누릴 수 있는 편을 택했다. 그러한 사회적 분위기가 대규모 사회임대주택으로 채워진 다소 딱딱하고 사회주의적인 분위기의 도시질서를 만들어내었다.

–아돌프 히틀러와 나치의 제 3제국 시기(1933~1945)의 건축경향

1차대전 이후 ~ 1933년의 공화파 시대의 독일 건축운동은 민주주의 개념을 따라서 인간을 중심으로 한 도시 건축계획이 실행되었으나, 눈부신 발전의 이면에 파시즘으로서의 문제점이 나타났다. 히틀러가 집권하고 전 세계를 전쟁의 포화로 몰아간 1933년부터 1945년까지 (파시즘 시기)에는 전쟁을 준비하고 전쟁을 수행하기 위한 목적이 최우선시 되었으며 독일 전역의 도시건축 분야는 나치의 목적이 최우선이었기 때문에 혁명적인 건축이나 도시계획이 존재하지 않았다. 다만 히틀러 정권을 찬양하기 위한 대규모의 도시건축계획만이 존재할 뿐이었다. 대표적인 건축가 알베르트 슈페어Arbert Speer(1905-1981)는 히틀러를 숭배하여 나치의 선전, 선동을 위한 거대하고 웅장한 상징적인 건축물과 도시계획을 선보여 나치의 건축을 상징하는 인물이 되었다. 이 시기 역시 히틀러의 나치는 민족주의적 색채로써 국민들을 이데올로

80

80. 나치의 선전 선동

33) 하워드 전원도시계획 각주, 좌파적 시각에 많은 영향을 미쳤다.

81

기에 사로잡고자 고대 로마건축에 영향을 받은 대규모의 건축과 낭만적인 고전건축의 형태와 디테일을 차용하여 위압감과 영광을 고취시키려고 하는 건축을 선보였다. 이것은 히틀러의 절대적 권력과 아리안 민족의 순수성과 힘을 상징하는 건축이 주를 이루었다. 이것은 신고전주의의 이상과 권력의 추구 및 이성의 어두운 면(제국주의), 니체의 초인개념 그리고 국수주의로 오염된 민족주의가 나쁜 방식으로 결합된 건축적 현시였다.

1세대 프랑크푸르트학파의 학자들은 과학기술혁명에 대하여 소극적이고 비판적인 태도를 가지고 있었다. 서구는 자본주의가 발달하면서 과학기술혁명을 경험하며 기술을 도구화하여 군국화의 경향이 강하게 나타났다. 이러한 분위기는 군비경쟁을 조장하여 필연적으로 제국주의와 1, 2차 세계대전, 파시즘이 등장하게 된 원인이 되었다. 1933년 ~1945년까지의 독일 건축 및 예술은 정치적 상황에 예속되어 상대적으로 더딘 발전단계에 빠지게 되었다.

당시의 건축경향은 인간 중심으로 계획하는 것이 아니라 정권의 목적과 체제선전에 동원되는 도시설계가 대부분이었다고 볼 수 있다. 독일에서 파시즘과 관련된 장대한 규모의 건축물들은 히틀러가 꿈꾸었던 제국의 이미지가 현시된 것이었다. 히틀러는 자신이 선언한 '대중 체험' 개념을 성취하기 위해 웅장한 건축적 효

81. 제3제국을 위한 왕도의 길 계획

과를 중시했다. '대중 체험' 라는 목표는 대중들을 대규모 행사에 동원시켜서 애국심을 고취시키고 국가의 의지에 복종하게 만듦으로써 도덕적으로 잘못된 방향으로 이끌 수 있는 치명적 단점이 있는 것이었다.

파시즘 시기에 나온 건축물들은 고대 로마건축에 영향을 많이 받았으며 규모면에서 더 거대하고 지붕과 창문의 선들이 통일 된 리듬으로 구성되었다. 건축은 권력과 결탁하여 절대 권능과 힘을 상징을 잘 드러낼 수 있는 직능이다. 히틀러의 절대 권력과 결탁하여 수행했던 슈페의 파시즘 건축은 간단한 장식만으로 적용한다는 점에서 일정 부분 모더니즘과 공통점이 있으며 거대한 건축요소들을 사용한다는 점에서 로마, 그리스 고대건축에게서 영향을 받았다고 볼 수 있다. 건축물의 목적은 거대한 규모로 위압감을 강요하기 때문이다.

히틀러와 무솔리니의 파시즘은 전쟁과 군국화를 찬미해서 그것을 통해 사회를 발전시키려는 비인간적 특성을 공통적으로 보이고 있다. 히틀러는 전쟁과 군국화를 찬미하면서 국민을 결속시키고 사회발전을 강조했다. 그는 기존 베를린 국가중심가로(운터덴린덴로)의 규모로는 부족하다고 판단하고 웅장한 역사적 가로로 재탄생 시켜야 한다고 생각했다. 그는 수석 건축가인 슈페어에 지시하여 가로질러 뻗어있는 '제국의 길' 을 계획했다. 슈페어는 가로를 더욱 확장하여 왕도를 계획했고 '제 3제국의 꿈' 을 반영하여 가로 끝에 판테온Patheon을 모방한 압도적인 규모의 국민 회관Volkshalle을 배치했다. 히틀러와 슈페어의 협력관계는 장엄한 기풍의 고전적인 도시설계를 선보였으며 강력한 통치욕망이 반영된 결과물이었다.

–분단, 냉전시기의 상반된 도시건축경향

2차 세계대전의 패전 이후 독일은 도시 대부분의 중심부와 공공시설과 산업시설들이 잿더미가 되었으며 많은 주택이 파괴되었다. 독일은 강대국들에 의해 서독과 동독으로 분리되었으며 분단된 국가는 자유 시장경제(서독)와 사회주의 체제

(동독)의 가치에 의해 폐허가 된 국가의 기간산업과 주택 등이 활발하게 건설되었다. 이 때 많은 건축가와 도시계획가가 활동했으며 정치적(당파적, 이념적) 사고뿐만 아니라 건축적 사고 역시 뚜렷한 차이를 보이며 발전했다. 전쟁이 끝나고 귀국한 유럽의 건축가들과 도시 계획가들에게는 나치의 선동적 이데올로기적, 교조적 건축 및 도시계획의 잔재를 청산해야한다는 점에서 유사한 상황을 맞이하고 있었다. 또한 새로운 도시 건축의 전기를 마련해야하는 사명감에 불타올랐다. 자유경제를 신봉하는 자본주의와 계획경제를 표방하는 사회주의라는 정, 반의 뚜렷한 대조적인 시스템이 도시건축분야에 있어서도 각자의 사유와 이념 체제에 따라 심도를 깊이 하며 발전했던 것이다. 1950년대 분단과 냉전의 심화로 인해 베를린 장벽이 설치되었으며 이것은 20세기 인류의 체제 실험의 상징이 되었다.

1950년대 중반에 분단된 동, 서베를린은 건축과 도시 계획분야에서도 상반되는 이데올로기적인 특성이 드러났다. 동독은 사회주의적 사실주의적 건축을 중심으로 하는 민주공화국을 지향했고 서독은 자유민주주의에 기반하고 있는 연방공화국을 지향했다. 서 베를린은 '국가적 재건계획' 에 의해 '자유경제에 기반을 둔 민주주의적 건축' 의 상징이 되는 도시가 되었다. 반대로 동 베를린은 '사회주의적 사실주의' 이론을 중심으로 한 도시계획과 도시건축의 상징이 되는 도시가 되었다. 도시건축분야에 있어서 독일민주공화국(동독)은 나치의 기념적 건축을 배제했다. 그들은 나치의 베를린 도시흔적과 잔재를 부정하면서 공산주의 이데올로기의 영향에 따른 대규모 주택단지와 상징가로를 계획했다. 그것은 사회주의의 이상적인 시각으로 접근하는 이념이 도시공간구조와 표현에 영향을 미친 것이었다. 반면, 독일 연방공화국(서독)은 건축학자들의 자문을 통해 1920년대 전쟁전 도시구조와 건축의 전통을 계승하면서 지역주의와 고전주의를 중시한 조화로운 도시재생 차원의 개발을 실시했다. 서독의 경우, 몇몇 건축사상을 지닌 그룹이 민주적이고 자유로운 대화를 통해 새로운 건축적 분위기가 전파되고 확산될 수 있는 분위기를 만들어 발전될 수 있었다. 패전 이후 나치독재 통치시기에 박해를

82

받으며 망명했던 바우하우스 건축전통을 계승하고자 하는 시도가 서베를린을 중심으로 전개되었다. 즉, 관념속의 이상을 현실에 고집스럽게 실현하고자 하는 동독과 변화하는 현실에 적절하게 반응하여 변화를 수용하고 융합시키고자 하는 다른 성향이 각각 발전한 것이라고 볼 수 있다.

냉전시기에 서독의 자유 시장경제 체제와 동독의 사회주의 체계는 전 세계 양 진영의 체제선전의 상징도시가 되어 점점 동서간의 단절이 심화되었고 체제선전의 직접적인 역할을 담당하였던 도시건축분야는 즉 양 진영의 이데올로기를 선전하는 도구로 사용되었다. 서독에서는 그로피우스가 한사구역을 계획했는데 이 단지는 모더니즘에 기초하여 새로운 건축경향을 선보였으며 동독은 모스크바와 유사하게 기념비적인 중심부 도시공간을 창조하여 사회주의의 이상을 도시공간구조에 상징적으로 배치했다. 따라서 전통적인 자본사회의 블록을 능가하는 장대한 계획이 세워졌다. 또한 자유시장 경제체계에 적합한 모더니즘 및 바우하우스에 대한 선동적 공격을 통해 잔재를 청산하고자 했다.

서독의 한사지구는 삶의 질을 중시하여 인접한 거리와 광장을 에워싸는 전통도시주거와 생활무대로서의 공간을 제시했다. 그것은 개인과 집합주거의 분산을 통해 공동성을 추구하는 자유시장경제체제의 산물이었다. 단지는 모더니즘의 국제양식으로 계획되면서 동시에 환경과 전통적인 도시를 조화하고 융합시켜서 '삶의 질' 을 향상시킨다. 그것은 마치 르 코르뷔지에가 설계한 유니테 다비타시옹처

82. 냉전시기의 동 베를린

	서독 (연방공화국)	동독 (민주공화국)
전후접근 방향성	• 건축 관련 학자들의 민주적 건설적 대화를 통해 자유로운 건축문화 확산 발전. • 전쟁전 바우하우스 건축 전통을 계승 서베를린의 계획원칙 • 전쟁전의 도시구조를 대부분 채택한 도시재생 • 지역주의 혹은 고전주의를 중시한 조화로운 양식추구 • 부정변증법적: 계승과 발휘	• 나치의 과거지향과 기념비주의는 배제 • 베를린 도시적 흔적과 잔재를 철저히 부정 • 재건 초기 위대한 독일, '새로운 베를린' 을 구축하자는 구호. • 부정변증법적: 과거의 성과를 부정, 다른 방식으로 도시계획 공산주의 이데올로기의 영향으로 무미건조한 계획 • 역사적 상징형태 도입(미적의식+국가의식 조화)
대표적 도시설계 단지	• 1957년에 그로피우스 한사구역 계획. 전통적인 도시 블록으로서 밀집된 정주지 • 이상적 공동성 추구(삶의 질)	• 대표적인 계획: 스탈린 대로, 헤르만 헨젤만(1952) • 명확한 질서 원리와 역사적 형태 도입 • 미적 감각과 시민의 국가의식을 조화 • 알도 로시: 축은 "유럽 최고의 장대한 대로" 로 묘사
도시설계 접근방법론	재생적 차원으로 접근한 도시재건과정 • 모더니즘에 기초하여 새로운 건축을 설정 • 전후 도시경관의 이상적 모델 추구 • 한사구역: 인접한 거리와 광장을 에워싸는 전통도시주거와 생활의 무대를 형성. (개인과 집합의 분산 의미) • 메르키세스 지구(공원속의 도시)	• 새로운 도시를 구축, 새로운 건설적 차원에서 접근 • 사회주의적 기념비성이 중시된 도시계획(모스크바와 유사) • 모더니즘과 바우하우스의 유산 선동적 공격 • 기념비적인 도시 공간의 창조라는 모토 • '전통적인 자본주의 도시의 비정하고 빽빽한 블록들을 능가하는 것이어야 한다. 장대한 도시의 광경은 동베를린의 얼굴을 바꾸어 놓을 것이다'(스탈린 1951) • 마르잔 지구
요약정리	• 국제주의 양식+환경과 전통적인 도시를 조화, 융합('삶의 질' 중시)= '이상적 공동성'	• 새로운 질서' 는 새로운 사회의 새로운 형식들 속에서 구조화

럼 '이상적인 공동성' 을 추구하며 나타난 결과물이었다. 반면, 동독은 명확한 질서원리와 역사적인 상징 형태를 도입하여 미적 감각과 시민의 국가 의식을 조화시키는데 역점을 두었다. 이러한 새로운 질서는 새로운 사회주의 사회의 새로운 형식 속에서 구조화되는 것이었으며 상징가로인 스탈린 대로 등이 대표적인 계획이다.

83

베를린 장벽(1961년) 설치 이후, 양쪽 진영이 신개발지구를 계획했는데 체제선전에도 불구하고 유사한 도시계획 전략과 장단점을 보이며 새로운 시대가 열리기를 기대했다. 대규모 단지계획에 있어서 메르키셰스Maerkisches 지구는 한사 지구를 확장시킨 변형의 계획으로 '공원 속의 도시' 개념을 두고 있으나 육중한 건물 매스 사이에 공원 대신 넓은 주차장을 배치함으로써 삭막한 도시경관을 만들었다. 그것은 기능적으로 사용가능한 도시 공간이 부족하여 실패한 계획으로 평가받고 있다. 이전 도시계획의 실패에 따른 새로운 경향의 계획들이 부상했고 1972년 뮌헨의 올림픽촌 주거단지는 성공적 사례로 평가받고 있다. 동독에서도 역시 1960년대 반도시적 공업화 건축이 보다 심화되면서 문제가 계속해서 발견되었다. 동독의 마르잔(Marzahn) 지구 역시 메르키셰스 지구와 비슷한 문제가 발생했고 1990년대 통일 이후에 이르러 건축가와 도시 계획가들이 마르잔 지구의 주거지들을 재생시키려는 계획을 시도했다.

1970년대 중반 이후, 양 진영의 도시건축의 경향은 68혁명의 새로운 바람과 사회변화의 분위기 속에서 기존의 공고했던 모더니즘의 영향으로 나타났던 도시 및 건축의 분위기가 새로운 방향성을 가지고 변화하고 있었다. 이전의 모더니즘 계열의 도시건축 경향에서 대중의 니즈와 취향을 적극적으로 반영하면서 기존 역사와 콘텍스트를 중시하는 다원적인 단지개념으로 변화되게 된다.

83. 냉전시대 서베를린 한사지구와 마르찬 지구 임대주택 단지 전경

84

–IBA지구 콤페티션 및 독일 설계경기 경향

2차 세계대전 이후 서베를린은 '국가적 재건계획' 을 통해 '자유민주주의적 건축' 의 상징을 구축하고자 했고 동 베를린은 '사회주의적 사실주의' 이론 중심의 건축과 도시계획을 선보였다. 당시 동 베를린은 신념에 따라 공산당의 이데올로기를 위한 관념적인 건축 표현을 계속 추구하고 있었고 서베를린은 노화되는 도시들에 나타나는 20년 이상 방치된 난제들을 새로운 방식으로 해결하고자 노력하던 상황이었다.

이러한 분위기에서 1980년대 당시 베를린에서 수리와 재구성 'The repair and reconstruction of the city' 개념으로 IBA(국제건축전람회)가 유치되면서 도시건축과 관련한 전시 및 대대적 건축 행위가 일어났다. IBA는 1979년부터 시작된 도시개발 프로그램이다. 모든 프로젝트는 베를린의 낙후되고 기억에서 지워진 지역을 '비판적 재건' 의 개념을 바탕으로 회복하며 재구성, 활성화시키는 것을 목표로 했다. 이 시기는 2세대 하버마스가 주체들 간의 대화를 중심으로 하는 사유를 강조하며 활발하게 활동하던 시기와 일치하고 있다. '비판적 재건(critical reconstruction)' 이라는 키워드를 사용하는 바와 같이 기존의 발전방향성을 유지하되 기존 콘텍스트와 역사전통을 새롭게 현시대에 맞게 비판적으로 해석하고 주위와 고려하고 대화하며 점진적인 발전을 이루어나가는 비판적 지역주의의 방향성과 유사한 흐름의 도시건축 경향이 나타난 것이었다. 이 계획에서는 포스트모더니

84. IBA 국제 콤페티션 실현 작품

즘 계열의 건축가들인 피터 아이젠만, 렘 콜하스, 피터 쿡, 자하 하디드, 도시계획가 레온 크리에, 찰스 무어, 알도 로시, 존 헤이덕, 스탠리 타이거맨, 마리오 보타 등의 당시 무게감 있는 건축가들이 대거 참여했다. 프로젝트들은 클라이우스의 '비판적 재건' 의 개념을 바탕으로 2차 세계대전 이전에 도시구성을 존중하여 계획시켰다.(전쟁 후에 도시구성과 상반성을 보이고 있다.) 클라이우스는 1984년에 초안한 계획은 공간적-철학적인 연속체로서 베를린을 재발견하고자 함을 보여준다.

당시 정부는 IBA설계경기를 '신중한 도시재개발계획' 으로 명명하고 계획을 수립하는데 있어서 주요한 관심주제는 지난 역사적인 거리의 경관을 회복하는 것이었으며 파괴된 사회규범을 재건하기 위해 계획상의 모든 자원을 이용하는 것이었다. 다시 말해 생활의 안정과 치유가 계획의 목표가 되었다. IBA는 생활하는 장소로서의 이너시티를 프로그램, 테마로 창시했다. 이너 시티는 주거에 적합한 장소로 재건되고, 소생할 수 있도록 의도되었다.[34]

IBA계획은 12원칙을 중심으로 하며 '신중한 도시재개발' 을 위한 정책의 기초를 형성했다. 개개와 전체의 조건을 조화시키는 것을 그 목적으로 하고 있는 것으로 생각할 수 있다. 도시의 공간, 건축에 관한 결정은 이 개념에 따라서 일상생활에 있어서의 사회문제인 직업의 보호와 개선, 싼 임대 주택의 공급, 학교, 보육원의 설치, 도시기구의 개발조정 등의 문제와 밀접하게 관련되어 있어야 한다. 12원칙에 따라 근린주구, 가구, 주택 등 개개 집합주택의 구체적 상황을 고려하여 추진하는 사업, 항상 신경을 써서 신뢰와 지속성 그리고 관련사항을 모두 습득하려고 하는 자발적인 의지로 성립되고 있다.

그러나 IBA는 '비판적 재건' 목표만 추구하는 것이 아니라 현대적 요구들을 적극적으로 고려하면서 동시에 비판적 관점의 재건에 초점이 맞추어져 있었다. '비판

34) 같은 책, p221

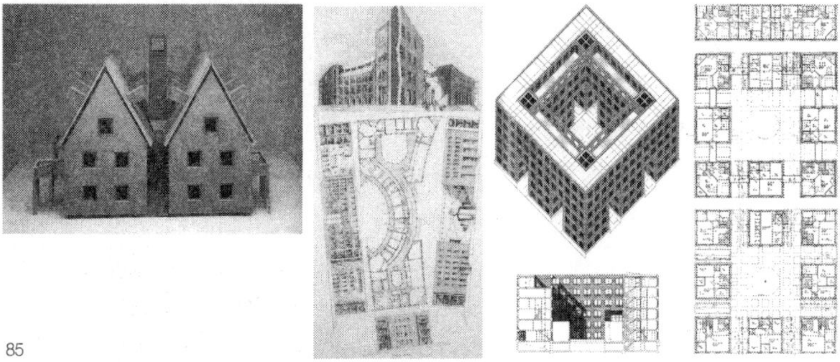

85

적 재건' critical reconstruction개념으로 도시의 역사적 구조를 분석을 통해 도시의 '신-구조'와 '구-구조'의 대화를 추구했다. 신축지역을 주도한 요제프 파울 클라이우스Josef Paul Kleihues가 디자인한 것처럼 '도시의 발전은 바로 기억'을 존중하는 것이다. 이런 '비판적 재건' 개념은 프랑크푸르트학파의 비판이론(특히 하버마스)의 영향을 받은 것으로 볼 수 있다. 비판을 통하여 사회의 갈등(공업화와 현대화 과정에 발생된 모순)을 스스로 비판하고 사회의 개혁을 수행하여 해결한다는 프랑크푸르트학파의 일관된 시각이 반영된 움직임이라고 볼 수 있다. 비판이론의 궁극적 목표는 비판을 통해 보충하거나, 발전시키거나 더 완벽한 새로운 것을 만드는 과정적, 진화적 이론인 것이다. 그것은 과거의 양식과 문화, 공간구조 및 콘텍스트를 면밀하게 고려하면서 현재성과 대화하고자 하는 움직임이라고 볼 수 있다.

86

수년간 실행된 도시재개발의 본질적인 요소는 기존의 도시의 구조보전을 최우선의 하나로 취급한다는 점에 있다. 수복재개발은 근대화에 우선하고 근대화는 새로운 건물의 건축에 우선한다는 원칙하에 계획이 수행되었다. 이 계획에서는 주거지와 일터가 혼재하는 계획을

85. IBA, 제안된 건축 작품
86. IBA 12원칙

수립했다. '신중한 재개발을 위한 12원칙' 중에서 중요한 것은 재개발의 기본 원칙이 혜택을 받는 자와 사업수행자간에 전체에 대한 동의를 원칙으로 한다는 점이었다. 또한 모든 것으로 단계적으로 실행하고 부족한 점들이 주민들간의 회의를 통해 보충되어야함을 원칙으로 했다. 이것은 개방된 의사결정(대화 중시)의 형태를 추구하는 것을 확인할 수 있는 것이다. 도시경관은 제한된 파괴나 가구 내부 정원의 식재 그리고 파사드 방풍 디자인 등으로 점진적으로 개선되어야 함을 명시하고 있다. 이처럼 지역주민과의 협동계획, 신중한 도시재개발의 주요 주안점의 하나는 모든 재개발 정책을 지역주민과 함께 수립하고 추진해나가는 것이다. 이것은 현재 거주자의 요구를 수용하려는 자세이다. 이것은 하버마스의 의사소통의 중요성, 대화의 중요성을 중시하는 철학적 흐름에 공명하는 것임을 확인할 수 있다.

IBA 도시개발의 목표는 다양한 모형들의 공존, 해당 건축가들의 광범위한 이론적 접근과 표현을 유도하는 것이었다. 도시개발의 전략은 창조적으로 기존 콘텍스트를 복원하는 것이었다. 이러한 전략에 근거하여 서베를린은 의도적으로 역사적 건물들을 유희적이고 콜라주적으로 중첩시켜 발전시키는 계획을 추구했으며 다양성을 보장하기 위해 하나의 건축양식은 지양함으로써 다양성 속에 조화와 거시적 통일감을 유도했다. 각 건축가들은 도시에 대하여 실현가능한 해결안들에 다각적으로 접근해서 탐구했기 때문에 IBA의 프로젝트로 인해 현재의 시각으로 볼 때에도 표현의 다양성과 자유로움을 강하게 느낄 수 있다.

계산된 부정을 통해 과거를 보존하기 위해 IBA계획에서는 바로 이러한 단절들을 이용하여 새로운 디자인의 방법론을 전개했다. 예를 들어 전통적인 바바리아 아이히슈타트의 도시 블록을 유려한 디테일을 지닌 대조적인 양식으로 신중하게 디자인하여 가치를 높이는 방식으로 변화시켰다. 고대 레겐스부르크의 중심부는 복원되었고 새로운 건물들로 풍부한 분위기가 조성되었다. 오래된 도시의 중심지를 재건하고 박물관, 국제 컨벤션 센터와 같은 공공건물로 도시의 중심부를 활성화시켰다.

IBA 설계경기의 지침은 질서와 동시에 다양성을 포용하도록 하고 있다. IBA의 이러한 계획은 비판적 지역주의의 이상적 모더니즘과 지역성을 결합 및 종합하여 새로운 가능성을 만들어내었던 것과 같이 독일 특유의 다양성 포용하고 기술력을 받아들이는 성향으로 나타났다. 도시계획의 특징은 다양성속의 통일성을 추구했는데, 다양성을 보장하기 위해 단일한 건축양식은 금지시켰다. 그들은 도시에 대하여 실현가능한 해결안들을 다각적으로 접근해서 탐구하였다. IBA의 프로젝트로 인해 현재까지 이곳에서 표현의 다양함과 자유로움을 강하게 느낄 수 있다. IBA 프로젝트들은 새로움과 진보된 건축가들의 기술과 사조 등의 문화를 받아들이면서도 기존 도시의 콘텍스트를 철저하게 중시한다. 또한 새로움을 기존의 도시구조에 어울리도록 녹여내는 방안을 주문하고 관철시킴으로써 합리성에 근거한 점진적 변화를 추구했다. 그것은 다원화된 포스트모더니즘이 유행하던 시기에도 통일적이고 일관성을 유지하는 다양성을 보이며 기존 구조에 녹아들어가는 새로운 도시설계의 좋은 사례가 되고 있다.

IBA 설계경기와 비판적 재건계획 역시 당시 시대정신과 공명한 것이었다. 하버마스의 의사소통이론이 논의되면서 '올바른 대화' 의 조건과 사회적 합의가 중요한 가치로 인식되었고 건축분야에 있어서도 비판적 지역주의 담론이 우세하게 논의되고 있었다. 건축분야에서는 기존의 콘텍스트와 올바른 대화를 하되 비판적 접근을 통해 모더니티를 수용하면서 동시에 대중들의 니즈와 욕망을 만족시키면서 기존 모더니즘 건축에서의 폐해를 극복할 수 있는 방안에 대해서 심도 있게 논의를 진행시켜나갔던 것이 당시 IBA 건축 이벤트로 나타났던 것이다.

—통일 이후 베를린 건축경향 및 도시계획

역사도시이자 근대의 중요한 메트로폴리스인 독일 수도 베를린은 관습과 혁신이 공존했던 도시이다. 대도시는 자체의 특성과 역사와 전통을 보유하고 있다. 급속한 산업화와 빠른 정보, 과학기술의 발달, 양차세계대전으로 인해 이러한 전통적인 요소 관습적인 선조의 유산이 빠르게 억압되고 배제되고 잊혀졌다. 그리고 장점들과 미덕들은 쉽게 망각되었다.

독일은 베를린 장벽을 무너뜨린 사건으로 촉발된 통일이 된 시기부터 건축은 일단 베를린에 집중적으로 계획했고 놀랄만한 속도로 진행되어 유럽에서 가장 활발하게 건축 활동이 이루어져 유럽의 맨해튼이라고 불리는 활력이 넘치는 도시가 되었다. 베를린의 포츠담 광장을 설계한 렌조 피아노는 "베를린에서 세계건축을 볼 수 있다. 도시를 계획하기 위해 50년이 필요하지만 베를린에서 5년 만에 우리에게 완전 다른 얼굴을 보여주었다. 두 달 동안에 태어난 아이와도 같다."라고 말했다. 1989년은 독일에 있어서 정치적인 전환의 해였을 뿐만 아니라 건축적인 전환점이 되는 해였다. 새로운 독일의 건축가와 도시설계가들은 새로운 문제에 직면했다. 독일은 어떤 모습으로 향하는가? 어떤 시대를 대표하는가? 어떤 목표나 이상이 있는가? 등의 문제의식을 가지게 되었다.

현재의 베를린은 다양성에 근거하는 불일치와 창조적 기운으로 나온 산물의 도시가 되고 있다. 베를린 재건계획은 세계적으로 유명한 건축가, 도시 계획가들이 가

87

87. 통일 이후 베를린 전경과 계획

장 많이 참여하는 계획이다(노만 포스터, 렌조 피아노, 다니엘 리베스킨트, 아이엠 페이, 렘 콜하스 등) 베를린은 다양성을 포용하는 도시의 모습을 보여주고 있다. 베를린-신표현주의Post Expressionism는 원래 1920년대에 독일에서 비롯된 인간의 감정을 중시하여 표현된 건축의 표현주의 예술운동이었다. 베를린 신 표현주의는 1920년대의 표현주의를 계승하면서 첨단과학기술을 적용하는 경향을 보여주고 있는데 특히 설계 때 컴퓨터 기술과 표현을 적용함으로써 조각적이고 건축가의 개성과 무의식적 감정을 불러일으키는 건축물들의 표현경향으로 나타났다.

도시적 구조와 외양을 더 이상 근본적으로 바꾸기 어려운 파리, 런던, 로마와 달리 통일 당시 베를린은 역사적 기념물을 보존하면서 동시에 다양한 건축적 실험이 가능한 역사적 조건을 가지고 있었다. 베를린의 '상처'를 현재와 미래의 도시 건축적 상황에 성공적으로 융합하는 시도를 통해 새로운 도시로 탈바꿈했다. 새로운 수변주거들은 원칙적으로 공공에게 개방되면서 동시에 옛 도시구역들과 융합-연결되어야 한다는 원칙하에 계획되었다. 후기 산업사회 시대에 있어서 옛 항구나 수변에 위치한 공장부지(이전적지)들은 현대적 주거, 사무소와 재생을 위한 새로운 장소를 제공하고 있다. 베를린에서는 낙후된 강 주위의 수변공간을 도시적으로 또 문화적으로 재생하는 프로젝트들이 계속해서 시행되어 왔다. 수변공

88

88. 베를린 포츠담플라츠 전경

간은 도시의 중요한 역사적 지표이기 때문에 이들은 도시생활과 일의 발전과 변천을 동시에 구현해야 한다. 베를린에는 새로운 수변의 도시설계들이 단계적으로 건설됨으로써 생명력 있는 구역이 탄생되고 있다. 그들은 '비판적 재건' 의 방법론을 적용하여 도심의 도시발전 상황에서 옛 도시의 흔적을 발견하고 과거를 부정하지 않으면서 공공가로와 광장들을 새롭게 구성해왔다.

독일 근대시기와 양차세계대전 이후 도시건축의 변천과 경향을 정리하면, 독일은 분단국가의 경험을 했던 현실을 부정하지 않고 역사를 대면하면서 그 역사를 존중하고 또한 그것과 긴장감을 유지하며 조화를 이루어나가는 수준 높은 도시설계의 면모를 보여 왔다. 옛 것을 존중하며 새로운 것과의 조화와 점진적 발전을 이루면서 그것을 고스란히 현실에 하나의 켜로 녹여내어 새로운 방향성을 가지고 계획에 임하는 것이 바로 비판적 지역주의(비판적 재건)작업이라고 할 수 있다. 다시 말해 독일은 양극적 사유의 극단을 한 사회에서 경험했던 것, 이성의 폐해의 극단을 경험했던 민족이며, 그것을 이성의 힘으로 종합하여 극복하고 초월하고자 끊임없이 노력했던 민족이라는 특성이 있다. 전체화의 문제점의 극단을 경험하고 폐해를 반성했던 민족이며 극단적으로 대립적인 이데올로기 체계를 제일 먼저 극복하고자 했고 그것을 합리적 이성에 의해 차분하게 절차를 거쳐 진보를 성취했다는 점에서 독일 민족의 강점이 드러나는 부분이다.

독일은 20세기 이후 두 번의 세계대전을 겪으며 도시가 황폐화 되고 이를 극복하기 위해 다양한 건축 운동을 주도했다. 근대의 건축운동(독일공작연맹, 바우하우스)들은 이상적인 미적 기준을 설정하고 산업의 적절한 접목을 통해 대중들의 삶의 질을 향상시키고 전체적인 수준을 높이는데 공을 세웠다. 그들의 사상과 운동은 이상과 현실사이의 간극을 변증법적으로 종합하여 시너지를 일으키는 방법론으로서 전 세계에 전파되었다. 이러한 독일 건축 및 디자인의 성향은 이상주의적인 비전의 엄격함과 현실의 다양한 니즈를 만족시키는 다양성이 동시에 나타난다. 오늘날 우리는 이중적인 특성들을 종합하며 숭고함의 질서와 미학속의 다양성을 포용하는 다양한 도시건축 경향을 독일 곳곳에서 찾아볼 수 있다.

20세기 초반의 독일 수도 베를린은 모더니즘 건축 운동을 주도함과 동시에 독일 표현주의 건축과 같이 모더니즘의 엄격하고 순수한 표현특성에서 벗어난 감성위주의 건축과 민족주의적 형태의 건축 경향이 공존했다. 한때 나치 정권 아래에서 엄격하고 단순한 건축분위기가 도시전체를 지배하였는가 하면, 2차 세계 대전 이후 분단시기에는 국가가 양분되면서 건축이 이데올로기적 선전 수단으로 이용됨에 따라 서로 다른 형태의 도시 모습으로 발전하였다. 이처럼 분단 시기 전혀 다른 두 사회체제에 의해 정치, 경제, 사회, 문화의 차이와 체제의 특성을 강화시키는 상반된 도시건축문화와 경관을 지니고 있었다. 분단국가는 결국 통일되어 강력한 통합국가로서 실질적으로 유럽EU의 리더가 되었다. 수도 베를린은 사회주의 국가로서의 도시공간구조에서 급속하게 자유 시장경제에 따른 도시공간구조가 접목되어 발전하면서 유럽의 맨해튼으로 불리는 도시가 되었으며 새로운 활력과 시너지를 이루고 있다. 이렇게 뚜렷하게 상반된 성향의 특성들이 접목되고 통합되면서 새로운 활력과 발전을 이루어나가는 과정은 독일 관념론자들의 헤겔의 변증법적인 특성 및 프랑크푸르트학파의 관심사와 상당부분 일치하고 있다. 1980년대 포스트모더니즘의 담론과 함께 IBA 설계경기를 통해 좀 더 나은 도시환경에 대해 다각적으로 접근을 시도하였고 그로 인해 베를린은 좀 더 유연하게 '비판적 재건' 의 개념으로 도시재생 프로젝트를 받아들일 수 있는 환경으로 발전되었다. 베를린 장벽이 무너진 이후 베를린은 세계 유명한 건축가들의 실험의 장이 되기도 하였는데, 오늘날 현대적이고 개성 넘치는 건축물들이 독일에 많은 이유이다. 베를린의 앞으로의 화두는 건축물을 이제 도시적 맥락으로 접근하여 디자인 하고 있는가에 달려있다. 이는 지속가능성과 친환경성의 기술과 휴머니즘의 결합이라는 현실과 이상의 적절한 결합이 만들어내는 현실화의 과정이 변증법적인 긍정의 방향성을 가지고 발전해나가고 있다는 것을 감지할 수 있다.

0925 현대 독일 건축가의 경향

대부분 독일 건축가들은 높은 품질, 우수한 활용성, 지속가능성에 초점을 맞추는 경향이 강하다. 독일의 건축교육은 수준이 높기 때문에 독일인들은 유학을 갈 만한 동기가 적다. 그래서 독일 건축가들이 영어 사용권에 자주 등장하는 경우가 적으며 실제로 그렇게 해야 할 이유가 없어서 세계무대에 나오는 경우는 드물다. 뿐만 아니라 독일의 교육은 견고함, 최적의 기능 충족, 건설 기술의 완벽성, 지속 가능성에 집중한다. 따라서 예술적으로 특별히 눈에 띄는 디자인은 예외적이며 근거 없는 극단적인 형태는 금기된다.

70년대에 이르러 단순히 대중취향의 입면의 이미지의 소비만을 추구했던 서구의 포스트모더니즘 계열의 건축가들이 있는가 하면, 그것보다는 모더니즘의 합리적 이성을 중시하며 지역의 근본적 공간구조와 경관요소들을 연구하여 현대적인 조건을 생각하여 새롭게 표현하고자 했던 구조주의 관점의 독일 건축가 계열이 있다. 독일 공간구조와 경관 요소들을 연구하여 공통요소를 현대적으로 재해석하는 방법론을 연구했던 사례들이 그렇다. 합리적 이성에 의해 장엄하고 차분한 느낌의 반복되는 유형의 전체적인 구성은 독일 도시건축의 특징이다. 이러한 건축경향 중에 주목받고 있는 건축가의 작품을 살펴보도록 하자.

—웅거스O.M.Ungers

웅거스는 알도 로시, 크리에 형제 등과 더불어 신 합리주의 건축가로 분류되는 건축가이다. 웅거스의 건축은 계획지역에 거주하는 건축적 활동에서 나타나는 공통적분모를 합리적으로 추출하여 지역민들에게 공통적으로 친근한 형태의 공간구조를 만들면서 동시에 지역에 친근한 경관 표현 요소들을 뽑아내고 조합하여 경관 이미지를 만들어낸다는 점에서 상당부분 구조주의적인 관점을 취하고 있다고 볼 수 있다. 그러나 그의 건축은 기술적 발전을 수용하면서도 동시에 기존 콘텍스트 및 구조와 대화하고 비판적 관점에서 새롭게 재구성하여 기존의 표현과

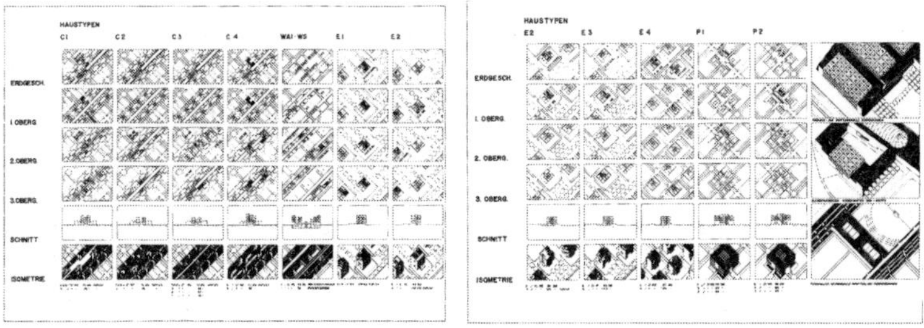

89

구조에서 초월하여 새로운 낯선 표현과 공간구조를 발전적으로 만들어낸다는 점에 있어서는 상당부분 '비판적 지역주의' 의 방향성 역시 녹아들어가 있다.

웅거스의 작업에서 계속해서 언급되고 있는 '자율성' 의 개념은 이상적인 모델을 설정하고 현실(지역 콘텍스트)과의 대화와 화해가 가능한 방법을 고려함으로써 현실과의 간극을 조정하며 새로운 조화를 이루어나가고 동시에 긴장을 통해 발전을 이루어나가려는 태도를 의미한다. 이러한 특성을 성취하기 위해 웅거스는 유추, 추상화의 과정 속에서 변증법적 관계, 대립의 종합, 기하학의 단순미학 추구, 형태의 변형 등의 방법론을 탐구해왔다. 그는 우선 상대적인 이원론적인 형태요소들을 추출함으로써 계획을 시작한다. 그는 모든 사물의 근본적인 속성이 바로 이원성이라고 생각한다. 그의 건축에서는 칸트의 순수이성비판의 자율성, 타율성, 다양성과 통일성 모두가 조형의 지배원리가 되고 있는데 이것은 독일 관념주의의 전통을 충실히 따르고 있는 것으로 볼 수 있다. 그의 건축에는 '게슈탈트, 모폴로지, 대립의 병존, 닮은꼴, 지역성의 강조 표현으로의 세계' 라는 다섯 가지 주제를 공통점으로 가지고 있다.[35] 그의 건축은 '종합' 을 테마로 하는데, 의도적인 대립되는 요소들이 존재하면서도 상대방을 배척하지 않고 서로 일치시키는 것이다. 웅거스는 벤츄리를 인용하며 풍요롭게 연관되는 다양성의 '어려운 통일' 을 실현시켰다고 하는데, 그것은 이원론적인 상대적인 요소들이 통일성을 가지며 조

89. 웅거스의 라이브러리와 자율성개념

35) 프리츠 노이마이어, 웅거스, 건축이념과 작품론, 미건사, 1994 p.13

화를 이루도록 계획하는 것을 주요한 관심사로 하고 있는 것이다.[36] 거기에는 개방적 공간, 폐쇄적 공간, 형식적인 활동과 비형식적인 환경 등이 조화된다. 종합이라는 중요 키워드에서 감지할 수 있듯이 그의 건축은 이상과 현실 사이의 모순적 요소들을 극복하면서 종합하여 발전적 방향으로 나가고자 하는 독일 관념주의의 전통과 실천을 추구하는 정신과 맞닿아 있다. 또한 비판적으로 지역 콘텍스트와 '대화' 하고 그것을 종합 발전시켜나가고자 하는 이상을 추구하고자 한다.

콘텍스트를 중시하면서 동시 이상적 비전에 근거한 창조자의 자율성을 강조했던 웅거스는 콜린 로우와의 친분으로 미국 코넬대학교 건너가 학장까지 역임한다. 콜라주 시티를 저술한 콜린 로우와 다원성과 컨텍스트를 중시한다는 점에서는 유사하지만 그의 작업은 보다 자율성에 근거한 현대성을 가미하여 정체성을 강화시키는 것이었다.[37]

웅거스는 계획하는 해당 지역의 기본 조형원리를 추출하기 위해 해당지역을 지배하는 기본형을 발견하기 위해 노력하여 기본형을 추출하고 그것을 중심으로 하여 무질서로 보이는 현실을 구조화하고 현상을 논리적인 관계성으로 정리한 결과 추출되는 것이다. 그는 계획 지역의 지역성을 중시하여 원형을 파악하고 그것의 원형을 추출하여 변형하고 이후 해석하는 과정을 통해 건축을 구성하는 방식을 취하고 있다. 그는 콘텍스트를 발견하고, 해석하는 과정을 통해 기존 유형에 유사하게 분위기를 만들면서도 상당정도 기존 콘텍스트와 대립하는 느낌의 새로움을 형성시킨다. 그의 표현으로는 기존표현과 대치하는 새로움을 만들어내는 것을 디자인 방향성의 주요한 골자로 하고 있는 것이다.

우선 첫 단계로 그는 세 가지 기본 형태인 원, 사각형, 그리고 삼각형을 취했고 가능한 다양한 변형을 얻기 위하여 그것들을 절단, 굽힘, 분리, 뒤집기, 배가, 반영, 나열, 반복, 확장 등을 통하여 조작했다. 이러한 변형들이 공간을 형성하는 요소

36) 같은 책, p13

37) 연구자 장용순은 영국인 로우의 로마에 대한 노스탤지어, 독일인 웅거스의 2차대전과 냉전체제의 경험의 차이에도 기인하며 그들의 초창기 작업이 이상주의 현실주의라는 서로 다른 관점으로 시작했고 미술학자로서의 연구방식과 발견대로의 탐구적 건축가로서의 관점 차이에도 기인한다고 분석한다.

가 되었다. 이러한 과정에서 공간과 입체물의 형태들에 대한 관한 백과사전을 얻었다. 그러자 이 형태들은 두 번째 단계에서 서로 다른 생활방식을 위한 개별 형태나 집단 형태로 또는 복합적인 구조로 유사성을 보인다. 그는 이러한 형태들의 변형을 통하여 통일된 관계에 놓일 수 있게 되었다. 이러한 과정에서 다양한 형태의 주변 세계에 대한 새롭게 보완된 기본 모델이 생성된다.

설계는 대우주의 복합성을 반영하고 있는 하나의 소우주이며 흡사 다원적 도시의 모델과 같다고 할 수 있는데, 모든 영역들이 상호 연관되고 서로 보충, 보완되고 있음을 뜻한다.

그는 기하학적인 형태 대신에 건축사에 등장한 전형적인 요소들을 변형시키기도 했다. 예를 들면 열주로 둘러싸인 중정, 아케이드 통로, 연립주택 등이 그러한 것들이다. 그의 건축에서는 쉽게 이야기해서 풍요롭게 연관되는 다양성의 어려운 통일이 실현되었다. 또한 그가 참고한 로시의 모델은 기본적으로 건축의 유형을 고려한 도시성의 이론을 구현한 것으로, 그의 건축에 개념이 적용되었다. 19세기 듀랑은 체계적 정신이 존재한다. 듀랑은 건축예술을 조합예술로 축소시켰고 유형학과 백과사전의 도움을 받아 설계 과정을 학문화시키려고 노력함으로써 실로 현대 건축의 기술주의적인 개념으로의 입성을 제공하였는데, 웅거스 세대는 다시 그 개념으로부터의 출구를 찾았던 것이다. 합리주의적으로 채색된 건축학적 관념세계 의 다른 면에는 이와는 정반대로 형태에 대해 주관적으로 해설해 주는 것

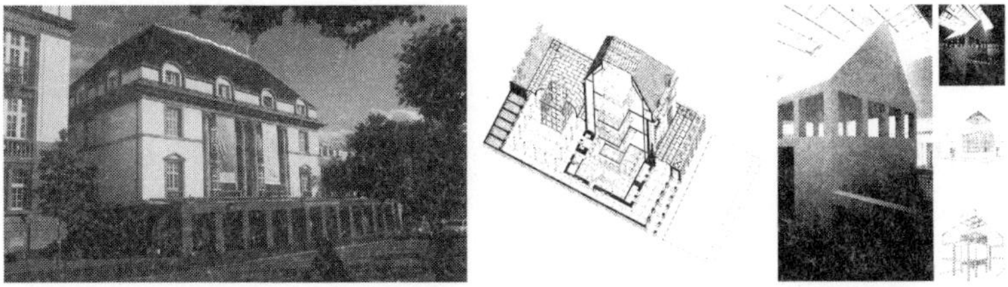

90

90. 프랑크푸르트 건축박물관

이 과제인 시적 이미지의 잠재성이 존재했다.

그의 대표작 중 하나인 프랑크푸르트 독일 건축박물관 계획에서는 서로 대립되는 것의 분리가 아닌 화합을 이루는 것을 주요한 목표로 하고 있다. 도서관 건물인 입방체의 집은 기존 건물에 대응하여 계획되었고 외관상 서로 대립되지만 형태론적으로는 일체화된다. 이른바 모순과 대립이 전체를 구성하는 개념이다.
그의 작품에는 공통적으로

첫째, 볼륨에 있어서 신구, 투명성, 부정, 수직성, 수평성의 특성을 가진 요소,

둘째, 재료에 있어서 신구, 투명성과 관련된 요소들

셋째, 자연, 인공물의 대비되는 요소

등을 통해 이질적이고 반대되는 속성이 종합되는 방향으로 계획이 이루어졌다.

건축박물관은 내외부의 둘러싸임과 둘러쌈은 상반적인 이중적인 작용으로 상반된 개념으로 이루어져 있다. 상호 보충적이며 상호 보완적인 과정을 통해 상반된 것의 조화가 이루어지고 있다. 거기에는 실재하는 장소로서의 의미와 역사적 의미가 있다. 관념과 일상(현실)을 새롭게 바라보려고 하는 시도로서 장소와 관념의 대화는 변증법적인 상호보완작용을 거치게 된다. 그러나 이러한 작용은 부정의 부정은 긍정이 되는 것이 아니라 아도르노와 같이 객체적인 시각에서의 상호보완적인 '짜임' 의 관계를 중요시하는 것으로 판단된다. 서로를 보완하는데 주체적 관점이 아니라 객체적 관점에서 바라보는 둘러쌈과 둘러싸임의 관계와 그 사이를 경험하는 관찰자로 하여금 참여하게 하는 역할을 수행하고 있는 것이다. 따라서 웅거스는 두 가지의 상반된 내/외부의 다른 요소의 융합의 과정을 계속해서 실험하고 탐구하고 있다. 빌라 내부의 공간은 볼륨 안에 또 다른 내부의 매스를 삽입함으로써 '집속의 집' 이라는 계획된 중정속의 외부공간을 계획했다. 웅거스의 이중적 표현은 정반합의 과정을 통한 본질의 추구이다. 이중성은 주체와 객체의 동등한 관점에서 세계와 공간을 바라보는 웅거스 만의 시각을 보여주고 있다.

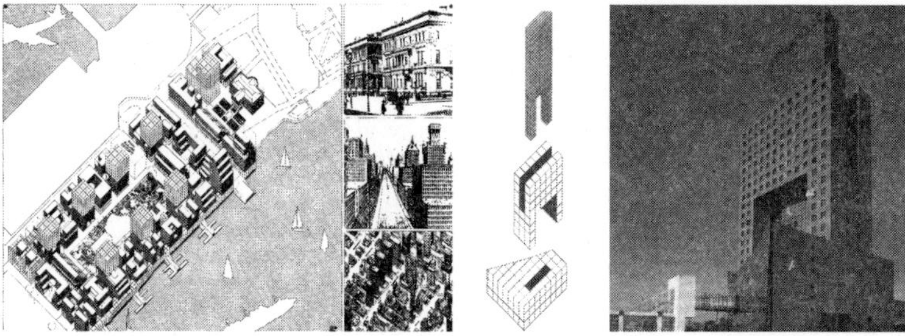

91

일원론적 폐해를 극복하고 하는 것이며 그것은 기존 건축의 폐해와 한계를 극복하고자 하는 건축구성론적 방법론이라고 볼 수 있다. 그의 건축은 아도르노의 사유가 건축적으로 현시된 것과 같은 효과를 주기에 충분하다고 할 수 있다.

비평가 프리츠 노마이어는 그가 추구하는 자율성 개념과 관련하여 다음과 같이 평가하고 있다.
'웅거스는 의지 행위의 자율성이라는 칸트의 학설을 빌려 말하면 하나의 절대 건축이라고 명명할 수 있는 이론을 발전시켰던 것이다. 절대 건축이란 외적인 사슬과 이데올로기의 강압으로부터 해방되어, 자기 자신만을 의지한 사상에서 나온 급진적인 요구를 주장하는 건축을 말한다. 기능주의가 구현하였듯, 타의에 의해 규정된 건축예술의 딜레마로부터 탈출하고자 시도하는 이 이론의 신조는 자기 자신을 확립하는데 있다.' 라고 언급했다.38)

국제주의 양식이 비판가운데 힘을 잃고 포스트모더니즘 건축사조가 등장하고 어느 정도 소비되었을 때 웅거스의 작품경향이 주목을 받기 시작했다. 웅거스는 지역의 콘텍스트를 고려하면서 동시에 예술의 자율성과 건축의 자결권을 재획득하는 일은 건축예술을 건축가의 책임영역으로 다시 가져와야 한다는 주장을 했다. 이를 위해 그는 자율성 개념에 있어서 앞서 언급한 건축구축 방법론을 사용한다.

91. 웅거스의 작품과 자율성 개념

38) 노이마이어, 프리츠, (O. M. 웅거스)건축이념과 작품론, 미건사, 1994, p11 인용

구조주의적 관점에서 지역의 형태언어를 추출하면서 동시에 건축가로서의 자율적 예술성과 창조성을 가미하여 지역과 조화하면서 동시에 대립하는 긍정적 긴장관계를 추구하는 것이다. 웅거스는 1980년에 '자율적 언어에 대한 건축의 권리'라는 제목으로 세미나 발표를 한다. 구조주의적 관점에서 비판적으로 현상학적인 요소들을 도입하여 비평하는 것이다.

이처럼 웅거스는 대립적인 요소들을 통합하는 변증법적 자세를 견지하고 있으며 이는 형태와 공간에 있어서 대립적인 요소들을 차용하여 조형하고 배치하는 자세를 보이거나 대칭을 지양하면서 불연속적인 조형을 추구한 점에서 자율성의 개념이 실현된 것이었다. 즉, 기존의 콘텍스트를 존중하고 대립적인 요소들을 포용하면서 이상적인 조화와 비전의 개념에서 통합을 이루는 방식을 계속해서 실험한 것이다. 이는 점진적인 변증법적 통합과 발전을 추구했던 프랑크푸르트학파의 사유의 방향성과 유사하다고 할 수 있다. 그것은 이상과 현실을 고려하고 타협하는 중도 좌파의 정치적 자세와 맥을 같이 한다.

–폰 게르칸von Gerkhan의 작품경향

동시대 독일 건축에서 독일건축의 느낌과 특성을 잘 드러내는 건축가 중 한명이 바로 '폰 게르칸' 일 것이다. 그의 건축 설계사무소는 대형 설계조직인 만큼 오랜 기간 한 개인의 개성이 아니라 조직(독일인 주축)의 특성이 드러나는 건축을 수행해왔지만 독일성의 특성이 여러 가지 측면에서 잘 감지되는 건축을 꾸준하게 선보여 왔다는 점에서 살펴볼 가치가 충분한 건축가이다. 게르칸은 1935년 생으로 1965년부터 현재까지 von Gerkhan, Marg und Partners 설계사무소를 이끌어왔다. 그는 1974년부터 오늘날까지 브라운슈바이히 공과대학 건축설계 담당교수를 역임했다. 독일 현대건축의 계보는 웅거스와 베니쉬 이후 마이하드 폰 게르칸이 그 뒤를 잇고 있다. 그는 독일의 하이테크 건축을 주도하고 있으

92. 게르칸 초상

며 미국의 SOM과 견줄만한 정도의 수준으로 GMP그룹을 이끌고 있다. 그는 기능주의 절충주의 모더니즘 건축, 포스트모던 건축 등의 이론적 논쟁은 거부하는 입장이다. 그는 단순히 엘리트 의식이나 아카데믹한 풍토에만 빠져있지 않고 이론과 건축실무의 균형과 조합을 강조하며 현대 기술과 도구 등을 적극적으로 도입하여 현대성과의 대화를 중시하고 있다. 따라서 게르칸의 건축 형태는 형식으로 이해할 수 없으며, 형상으로 이해될 때 진정한 정신적인 시각의 관찰을 음미할 수 있다.

게르칸은 자신의 작업의 초기의 주요 키워드들을 단순성, 통합과 다양성, 연속성, 혁신과 변화, 실행(실천), 공공적 관계, 대화, 구조, 정체성(아이덴티티) 등으로 설정했다.[39)]

그가 추구하는 단순성은 내용과 지속성, 형식적 단정함과 재료의 통합을 의미하며 통합과 다양성은 전체적 통합, 개별적 다양성이 조화를 이루어나가는 것을 의미한다. 게르칸의 디자인은 혁신과 변화를 수용하면서 시대와 연속성을 추구한다. 또한 그는 공공과 사적인 것의 구분과 연계를 어떻게 할 것인가의 질문을 통해 공공적 관계를 사유하며 시대정신과 공명하도록 계획했다. 주변상황과 민감하게 반응한다는 측면에서 그는 감각의 대화를 추구하여 파트너들과의 대화방식에 집중할 수 있도록 '대화' 라는 키워드를 중시한다. 그에게 있어서 구조와 기술

93

93. 1960~70년대 게르칸의 작품과 질서

39) Von Gerkan, Marg und Partner Architecture 1966~1978, Birkhauser,2001, p15

은 따로 존재하는 것이 아니라 필요에 의해 서로를 요구하는 것으로 '합리적인 구조' 를 중시한다. 이것을 실천적으로 수행할 때 정체성은 자연스럽게 따라오게 된다고 본 것이다.

70년대 중반 이후, 게르칸은 건축의 소명을 사회에 봉사하는 것을 기본으로 '대화의 건축' 을 기본적인 사유의 출발점으로 설정하게 된다. 그래서 그는 '대화의 건축' 의 이론적 실현을 위해 4가지 원칙으로 대화의 프로세스의 원칙을 세우고 있는데, 바로 단순성과 다양성과 통일성, 구조적 체계, 그리고 개성이 그것이다. '대화' 라는 키워드에서 보이는 바와 같이 외적변수와 기존 콘텍스트 및 역사, 문화와 소통하고 대화하며 새로운 기술을 접목시켜 점진적인 발전을 이룰 수 있는 절충적 건축을 추구한다는 점에서 그의 건축 역시 일정부분 비판적 지역주의의 방향성을 지니고 있음을 감지할 수 있다.

폰 게르칸의 4가지 원칙에서 '단순성' 을 최우선적인 가치로 생각하는데 그는 가장 단순한 것이 최고의 것이라는 기본적인 생각을 가지고 있다. 그는 가장 분명하고도 단순한 해답을 내놓으려는 생각으로 설계하고 있는데, 가장 단순한 것이 최고의 것이라는 기본적인 방향을 실천하고 있다. 그의 전 작품에서 평면은 매우 단순하고 기능은 명쾌하게 해결되고 조닝된다. 이러한 평면은 단순한 형태가 결합되거나 반복되면서 구축된다. 또한 이러한 단순한 평면은 입면에서 작용되어 단

94

94. 게르칸의 초기 주요 작품경향

순명쾌하면서 장중한 입면을 형성한다. 단순성은 근대 독일의 싱켈이 신고전주의로부터 근대성을 정립하여 독일 근대건축의 토대를 세우고 난 이후 계속해서 나타나고 있는 가치이다. 다양성과 통일성 부분에 있어서는 '다양성 속의 통일성' 과 '통일성 속의 다양성' 을 상호 구축하는 방식을 철학으로 가지고 있다. 구조적 체계 부분에 있어서는 디자인에 구조적인 체계를 입힐 것과 기능을 명백한 건축적 형태 안에 조직화하는 것에 대한 생각을 가지고 있다. 이를 통해 결과적으로 건축 작품에서 자연스럽게 드러나는 개성으로 나타날 것인데, 그것은 조건, 입지, 역할의 특징을 고려하며 나타나는 우수한 디자인의 결과로 나타나게 될 것이다. 그가 강조하는 다양성과 통일성이라는 키워드에서 감지할 수 있듯이 그는 자신의 작업에서 다른 두 가지 가치가 공존하는 것을 목표로 하고 있다. 또한 그러한 주제의식은 게르칸으로 하여금 자연스럽게 도시의 통일성과 통합성에 목표를 두게 되었다. 적응(순응), 중재(조정), 미학적 가치의 재발견이 게르칸 작업에서 일관적으로 보여지는 가치이며 그것은 일정 부분 독일 사유의 방향성과 연결된다. 모순적이거나 통합되기 힘든 가치들이 공존하며 조화를 이루는 것을 추구하는 것이다. 이러한 측면에서 정, 반, 합의 변증법적 과정을 중시하고 이상적인 것과 현실적인 것의 조화를 이루고자 했던 근대 독일관념론과 이후 전개되어 나갔던 철학자 및 프랑크푸르트학파와의 주제의식과 함께 한다.

게르칸은 모더니즘 건축의 기념비성과 경직성, 교리화 된 특성을 극복하고 새롭게 거듭나고자 노력했다. 그래서 그는 디자인의 복합성과 동질성을 추구했는데 이를 위해 그의 작업에서는 두 가지의 두드러진 특성이 나타나고 있다.

95

95. 단순성과 통일성이 강조된 게르칸의 초기 주요 작품경향

첫째, 둔덕의 지형을 적절하게 성, 절토하여 주변지형과 통행 가능한 건축물의 공간구조와 지형의 합병을 추구했다.
둘째, 내부와 외부 사이의 접촉을 하게끔 하는 떠있는 지붕구조의 밑에는 시각적 투명성을 확보하도록 했다.[41] 그것은 내부에서 외부로, 또 그 반대로의 투명성이 강조되고 있다.
또한 반복적인 건축어휘가 다음과 같이 드러나고 있다.

- 파사드로서 지붕 영역의 두드러진 텍스쳐로 구획된 디자인
- 구조와 뼈대를 지탱하는 열린 구조체
- 수직적 구조로부터 수평적인 지면으로 자연스런 전이를 위해 살짝 사선으로 기울어진 수직적 구조 요소
- 부드럽게 감싸고 있는 주변지형과 대조적으로 구조적 요소들의 강한 형태

등이 나타난다.
이처럼 게르칸의 작품들에서 공통적으로 나타나듯이, 기하학으로부터 도출된 구조적 질서는 구조적 틀로써의 질서와 균질성이 매우 강하다.

그의 건축에서 주거와 사무실에서 주로 쓰이는 형태적 어휘는 거의 예외 없이 큐브로 이루어진 단순하고 깨끗한 규칙적인 형태를 즐겨 사용한다. 물론 그 큐브들은 계획에 따라서 다양한 재료들을 사용하여 계획하지만 역시 기초적인 형태로서 큐브는 내, 외부와 각 공간에서 계속해서 반복된다. 그것은 프리캐스트 콘크리트 및 시공의 합리성과 연계된다. 큐브로 연속된 방의 군집이 하나의 형태를 만들고 그 방의 연속된 형태가 하나의 형태를 이루면 그것이 반복되면서 소규모에서 대규모 질서를 이루는 형태의 군집을 이루어나가는 경향을 보인다. 이러한 건축어휘와 군집은 강한 질서에 대한 감각

96

96. 게르칸의 질서와 규칙성

97

과 때로는 숭고한 미적 느낌까지도 들게 만든다.

이러한 느낌이 충만한 대표작 중 하나인 리미니 전시관(New Rimini Exhibition Centre)은 건축적 개념은 에밀리아로마냐의 전통을 중심으로 맞춰졌다.(고대와 르네상스를 관통하는 유럽건축사의 특징) 전체적인 앙상블은 고전양식을 축으로 모아졌으나 분명하게 기하학적 특성을 보이는 각각의 건물들은 현대적인 방식으로 해석되면서도 여전히 고전적인 형태적 표현을 보이고 있다. 이 계획에서는 고전적인 형태적 표현으로 주랑이 늘어선 넓은 정원 출입구와 멀리서도 보이는 높은 타워가 계획되어 있다. 네 개의 탑문과 함께 개방형 주랑이 늘어선 전시장대로와 가운데 아치가 있는 전시장이 배치되고 로툰다의 돔 구조물과 중앙의 주랑현관이 조화를 이루고 있다. 전체적으로 이 계획은 지역의 건축적 전통을 부분적으로 반영했으며 재료와 시공법에 있어 현대의 발달된 기술이 조화를 이루도록 계획했다. 기본 모듈은 소규모의 행사에 맞는 크기를 사용하고 있다. 전시 공간 구성은 한 층에서 이루어져 주최자와 관람객 모두 쉽고 명확하게 이해되게 계획되어 있으며 모듈러 홀 시스템을 적용하여 갖가지 행사에 맞게 구성을 변형할 수 있도록 전개되어 있다. 다소 심심할 정도로 정직하고 간결한 프로그램의 대칭적 배치와 합리적 동선체계와 이상적인 질서체계는 강한 군집미를 이루면서 동시에 숭고한 엄숙함의 감정을 자아낸다. 동시에 그러한 엄숙함을 보완하는 돔과 아치 등이 조화를 이루면서 다양성이 포함된 단순성으로 승화되고 있다.

97. 게르칸, 리미니 센터

98

한편, 그리스도 파빌리온(Christ Pavilion)은 엑스포 2000과 함께 가톨릭과 개신교회 연합을 위해 계획된 수도원으로 끝나고 나면 허망해지는 전시회에 대한 관조적 대응물로서 영속적인 시설로서의 의도를 갖고 있다. 이 계획은 단순한 구조, 소수의 재료, 정확한 세부 디테일, 오차 없는 외관과 공간적 분위기가 건축적 중심, 모듈 구조와 그 디테일이 분명하게 나타나도록 계획되어 있다. 따라서 스틸, 유리, 자갈, 물 등 순수하고 간단한 재료가 선택되어 적용되어 있으며, 덧붙여 큰 나무 한 그루가 장식되어 있다. 건물을 에워싼 폭4m, 높이 6.8m의 회랑은 건물 전체의 테두리이자 전시공간의 기능을 이루고 있다. 북쪽 회랑 내부에는 높이 18m, 한 변이 21m인 정사각형의 대형 홀에 십자형 가느다란 철제기둥에 9개 지붕 지지되고 있으며 조명과 기둥의 강한 수직적 느낌을 주며 위엄과 장중함이 강조된 홀이 있다. 이 홀에서 주 광장과 직접 연결, 회랑에서 나온 몇 개의 통로와 이어지고 있으며 높이, 깊이, 폭이 모두 3.6m의 '고립적 공간' 인 '침묵의 방들' 은 그리스도 홀과 회랑 사이의 매개부분에 위치해 있다. 이곳은 기독교와 교회를 테마로 이루어진 의미론적 해석을 통해 방문객과 소통된다. 이 작품은 단순명쾌한 형태의 입면과 함께 다양한 재료와 색채가 계획되면서 다양성을 내재한 단순성의 통합을 이루어내고 있으며 동시에 외부에서의 기념비성과 엄숙한 숭고미를 동시에 성취하고 있다.

앞서 살펴본 바와 같이 독일인의 국민성은 질서 지향적이고, 겸소하면서 동시에 합리주의적이며 꼼꼼하고 이치를 밝히는 기질이 있으며 깔끔한 것을 좋아하는 경

98. 게르칸, 그리스도 파빌리온

향을 지니고 있다. 또 한 가지 중요한 특성으로 철저하게 규정을 준수한다는 점을 들 수 있는데 그 결과로 나타나는 것이 독일의 모든 시스템은 체계적이며 완벽하다는 것을 자랑으로 생각한다. 전체적으로 이러한 분위기에 있기 때문에 독일인들은 보수적이다. 보수적인 것이 개방적인 것과 반대되는 개념으로 받아들이면 곤란하다. 독일 현대건축에서 게르칸의 건축 작업은 대형사무소화되어 수행했던 그의 다양한 규모 및 프로그램의 건축 작업만큼이나 엄격한 질서 속에 다양성을 포용하며 합리적인 다양성을 선보이고 있다. 그런 연유로 필자가 생각하기에 현대적 의미의 독일성을 가장 잘 반영한 건축가라고 평가할 수 있다.

이제 9권에서 살펴본 사회비판이론의 내용을 마무리해야 하는 시점이다.
비판이론은 1세대인 호르크하이머와 아도르노는 독일의 관념론과 마르크스주의의 연장선상에서 현대사회에 대한 부조리한 면을 폭로하고 비판적으로 바라보며 대안을 찾고자 했다. 즉, 1세대 철학자들에게는 비판적으로 바라보고 폭로하는 능력은 있었으나 대안적인 측면에 있어서는 한계가 있었다. 1세대와 관련하여 건축부문에 있어서는 이성의 시대에 나타났던 다양한 폐해와 함께 기능 위주의 획일성의 폭력과 콘텍스트의 무시로 인한 지역성의 상실, 배제와 소외현상들이 만들어내는 문제점이 있었다. 헤겔 이후의 진보에 대한 믿음을 유지하면서 부조리한 것에 대한 폭로, 변증법적인 메커니즘 신봉의 측면에서 기술과 인류 발전에 대한 신념을 가지고 모더니즘을 수용한 독일 민족의 도시건축 및 디자인 분야에서의 진보를 보여주었다.

독일공작연맹, 바우하우스, 미스의 건축관 등으로 이어지는 흐름에 대해서 살펴본 바와 같이 기술에 대한 신념, 표준화(법칙중시), 대량생산(평준화 중시)은 이상적인 비전을 설정하고 모순되는 현실적인 조건을 극복하고 통합하여 전체적인 질의 향상을 통해 대중의 생활과 미적 수준의 향상을 꾀하는 것이었다. 그것은 이상적인 미학과 현실(기술)과의 간극을 극복하고자 하는 변증법적 과정을 수행하는 독일관념론의 전통과 연계되는 것이었다. 그들은 이성의 합리성에 근거하여 다양성과 심리적인 미적 감각을 조화시키고자 하는 실천적인 노력을 보여주었다. 그것은 개인에서 끝나는 것이 아니라 교육시스템과 디자인 조직 시스템을 통해 전 세계에 이성과 현실을 통합하는 가치와 중요성을 전파하는 계기가 되었다.

2세대와 관련하여 우리는 하버마스의 의사소통이론과 생활세계의 식민화현상에 대해서 고찰함으로써 합리적이고 바람직한 의사소통행위를 통해 기존의 부조리를 벗어날 수 있는 사유에 대해서 고찰했다.
건축부문에 있어서는 대화라는 측면, 다양성이라는 측면에서 일부 구조주의적 관점과 포스트모더니즘과 관련하여 연결시켜 건축적 해결방안에 대해서 생각해볼 여지가 있다. 또한 그것은 의사소통행위와 합리적 이성에 의해서 '비판적 지역주의' 와 연결할 수 있다. 도시건축 역시 땅(지역성)과 기존 콘텍스트와 대화하면서 새로운 것을 변증법적으로 통합하여 점진적인 새로움을 만들어내는 방법론이 계속해서 발전되어야 할 것이다. 이러한 흐름 역시 상당부분 합리적 이성을 바탕으로 유형을 재해석하고 공간구조 및 경관을 새롭게 해석하여 구축하고자 했던 구조주의 및 일부 포스트모더니즘에서 논의 되었던 담론들의 논점들과 연결된다.

3세대 악셀 호네트는 사회적 인정의 조건에 대해서 탐구하여 기존 사회 구조 속에서 소외되고 억압된 것에 대해 기존 구조에 화합할 수 있는 방안에 대해서 논의한다. 건축부문에 있어서는 통일성과 다양성이 상호 조화될 수 있도록 화해할 수 있는 방안과 '주격 나' 와 '목적격 나' 가 화해할 수 있는 방안에 대해서 논의했다.
건축은 어떻게 대응하여 이성의 시대의 폐해에 화답하고 화해할 수 있을 것인가라는 주제로 화해의 건축에 대해서 사유해 보았다. 이와 관련하여 우리는 도시건축의 경관과 콘텍스트, 공간, 프로그램, 기능, 미의 요소들이 화해할 수 있는 건축적 방안은 무엇인가를 계속해서 사유해 볼 수 있을 것이다.

독일은 엘리트 지도층의 청렴결백함을 바탕으로 위로부터의 조용하고 점진적인 개혁(혁명)이 있었다. 그것은 기존 구조를 상당부분 존중하면서 동시에 이성적 합리적인 방식으로 모순점을 극복하고 다양성을 포용하며 기존구조를 점진적으로 변화시켜 나가는 것이다. 순종적이고 법과 질서, 권위를 인정하는 분위기와 점진적인 결과를 만들어 나가는 분위기에서 대규모 중앙집권적인 방식보다는 지방자치가 강하여 골고루 평등한 도시를, 건축적 분위기를 만들었다. 기존의 콘텍스트를 매우 중시하는 도시적 분위기(대칭, 열주, 조화)와 기존 도시의 포스트 모던적 분위기를 존중하며 계승 발전의 논리 그러면서 모던함을 보여주는 독일건축의 특성은 전체적으로 이상적인 것(미학)과 현실적인 것(기술 및 산업화)의 조화되기 힘든 부분을 결코 포기하지 않고 간극을 조정해나가면서 형성된 것이다. 이를 통해 우리는 독일 도시건축의 특성을 새롭게 종합시켜 진보하고자 하는 열망을 지닌 독일민족의 특성과 맞물려 발전하고 있음을 확인할 수 있다.

세대/ 주요인물	1세대(호르크하이머, 아도르노) 협력자(프롬, 마르쿠제)	2세대(하버마스)	3세대(악셀 호네트)
주요 관심사	-비판이론(근대이성 폐해 비판)	-대화(의사소통구조) -공론장 -생활세계의 식민지화 현상	-인정(무시극복)
주요개념	-도구적 합리성 비판 -이성의 폐해 비판 -마르크스의 제3의 길 -부정변증법	-의사소통이론 -생활세계의 식민화 이론	-비판적 존재론의 규범적 토대와 -체계적 통일성 -진위게임식 인정질서
해결방안	-이성의 점진적 증대 확보 -엘리트 주도 이데올로기 사회 비판, -윤리적 조건을 중심으로 하는 사회비판과 참여 공동체 조성	-고립된 주체관의 폐해 극복 -의사소통의 합리화 방안 모색 -대화조건의 합리화를 통한 생활세계의 식민화 극복	-주격(나)와 목적격(나)와의 화해 (자아실현의 조건)
이론과 연계된 건축적 관심사항 특성	-신고전주의(싱켈)→독일공작연맹→바우하우스 -대중의 미적생활수준을 향상시킴 -이성의 진보와 폐해 동시 잔존	-땅과의 대화(건설적 적용)→비판적 지역주의에 영향 -패턴언어의 진화적 관점 →공공영역 담론→공공공간의 축소→(새로운 확대방안)	무시당하지 않고 함께 어우러진 화해/화합의 건축 필요 프로그램, 계층간 화해와 화합의 건축

독일 건축가들의 자세는 앞서 살펴본 독일성과 연결된다. 근검절약하는 장인정신에서 나오는 책임의식과 차분하고 경제적인(친환경적이고 내구성 있는) 표현과 경관을 선호한다. 이러한 상황에서 나오는 간결하고 장엄한 미학을 추구하면서 전통을 접목하여 점진적인 발전을 추구하는 것이다. 즉, 정, 반, 합의 변증법적 과정, 점진적 발전, 독일성 경관 다양성 포용하는 성향은 현대 독일과 동시대 도시건축의 다양성 속에 질서와 통일성을 갖춘 장중한 느낌의 도시건축문화를 만들어 냈다고 볼 수 있다. 독일의 역사와 문화는 근대 이후 독일관념론의 흐름과 많은 부분 연계되며 이상과 부조리한 현실의 간극을 성공적으로 종합하여 차분하게 점진적인 발전을 이루어나가는데 커다란 도움을 주고 있다. 그러한 경향이 독일의 위상과 도시건축문화를 만들어나가는데 지대한 특성을 보이고 있다.

시사점과
PART III
건축적용 가능성

생각해보아야 할 점

0926 질서(구조)속의 다양성 vs. 다양성 속의 질서(구조)의 상호조화는 어떻게 이룰 수 있을 것인가 ?

모더니티와 모더니즘은 상호작용을 이루며 인류의 깊은 구조를 변화시켰다. 그것은 너무나 거대한 변화여서 정치, 경제, 문화, 사회 전반의 체계를 무너뜨리고 단절시키며 큰 변화를 이끌어냈다. 과학기술의 눈부신 발전으로 인한 변화로 인해 인류는 대도시의 출현, 대규모 교역운송수단, 교통수단 등으로 새로운 조건의 자본과 관련된 삶을 경험하게 된다. 자본의 발전과 풍요로움 속의 어두운 면을 함께 경험하면서 사회주의의 실험이 이루어졌고 그것은 20세기 인류의 많은 부분을 새롭게 경험하고 누리면서도 동시에 아픔을 감내하도록 강제했다. 젊은 엘리트들이 중심이 되어 만들어낸 새로운 사회변화는 대중들에게 전 세대와는 비교할 수 없는 풍요로운 환경과 조건을 생성시켰다. 모던의 세계는 그러나 새로운 세상으로의 구축의 구조를 세우고자 하는 강력한 추진력으로 인해 공고한 이데올로기와 권위의 세계를 만들어낸다. 그 세계는 진보된 동질성의 세계였다. 시대를 바꾸는 혁신적이고 풍성한 물질적 세계를 생성시키는 구조를 만들어냈으나 그 구조는 구조가 생성되는데 어긋나거나 부족하거나 기대에 못 미치는 요소들을 철저히 배제했다. 근대성의 이면에 숨어있는 야만성이 그러한 것들이다. 진보된 동일성의 세계, 권위의 세계는 곧 저항에 부딪친다. 생활과 문명은 진보되고 풍요로워지는 것 같았지만 무언가 팍팍하고 비인간적인 시스템이 강화된 세계에 대해 저항과 분노를 표출하기 시작한 것이다. 60년대 말, 경제적으로 중산층으로 불리는 대중들의 니즈와 인간화의 요구가 솟구쳤다. 모더니즘에 반대하고 다양성과 차이를 존중하며 대중적 취향을 만족시키는 포스트모더니즘 담론과 문화가 창발하기 시작했다. 다원화 된 사회의 세계관을 만족시키는 료타르의 담론과 함께 하버마스의 거시적 관점에서의 모던의 보완을 통한 진보라는 관점이 충돌하게 된다. 차이와 욕동의 가치를 중시하며 체제를 전복시키고자 하는 과격한 극좌파의 사유와는 달리 프랑크푸르트학파는 중도좌파의 시각으로 기존 체제와 구조를 인정하면서 다양성을 만족시키거나 포용하는 실천적 관점의 사회철학을 강조해왔다. 독일 관념주의의 영향 하에 이상적인 세계의 방향성을 설정하고 그것을 향해 구조를 만들면서 소외되거나 억압되거나 배제된 것들까지 합리적 이성을 바탕으로 포용하고 양성화시켜 기존 구조에 편입시킬 수 있는 방안에 대해서 고민하고 있는 것이다. 그것은 기존 구조의 상당부분을 전복시키고 전혀 새로운 구조를 덧붙이거나 얹히는 방식이 아니라 기존 구조를 유지하면서 일정부분 수선하거나 색과 재료를 바꾼다거나 하는 방식일 것이다. 자유경제를 신봉하며 개인의 자유와 경제활동을 최대한 허용하는 미국식 사회체제는 다양성에 근거하는 치열한 경제활동을 바탕으로 강자들이 살아남아 경쟁력을 확보하며 질서를 만들어나가는 구조를 지니고 있다. 이와는 달리 독일의 사회체제는 이상에 근거한 EU의 가치와 비전을 설정하고 상대적으로 더 강력한 사회주의적 보장제도와 노동조건을 보장하는 체제를 선보이고 있다. 서구의 두 나라가 만들어낸 성취는 이렇게 다른 노선을 걷고 있다. 다른 체제에서만큼이나 이들 나라가 보이는 도시 건축적 양상도 여러 가지 면에서 다른 면모를 보이고 있는 것이 사실이다. 독일은 엄숙한 사회적 이상을 설정하고 도덕적인 관점에서 비전과 이상을 향해 나아가는 사회분위기속에서 대중들의 상향평준화된 삶을 위한 도시건축과 여가와 여유로운 경관을 위한 도시 분위기를 만들어냈다.

일순간의 혁명을 통해 급격한 변화를 이끌어 나가는 것은 또 다른 폭력과 억압을 만들어낼 가능성이 높다. 또한 장기적으로 보았을 때 반대세력들 간의 사회의 반목으로 인한 사회적 비용 역시 엄청나다. 모순과 문제점이 있음을 인정하고 상호

대화와 타협으로 점진적인 변화를 이끌어 나가는 것이 억압되고 배제된 인원들의 화해와 화합 안정화에 도움이 되고 장기적으로 안정적인 발전방향이 될 수 있을 것이다. 경제적, 미학적으로 상향평준화된 사회라는 이상을 설정하고 그것을 고집스럽게 실현시키고자 하는 노력에는 많은 문제들이 산적해 있을 것이다. 진보의 희망을 믿으면서 이상을 설정하고 실천을 통한 변화와 발전을 이루어나가는 것은 독일 관념론 이후 마르크스를 거쳐 사회비판이론에 이르기까지 독일 정신계가 일관성 있게 꾸준히 추구해왔던 방향성이고 인간적인 가치가 실현되어 온 역사가 되었다. 물리적 환경 분야에 있어서도 관련 담론분야와 독일의 도시건축방향성은 오늘날 우리에게 많은 시사점을 던져주고 있다.

0927 독일 공작연맹과 바우하우스의 활동이 독일관념론 및 프랑크푸르트학파와 관련하여 어떤 부분과 연계되는가?

독일 관념론은 기존 유럽을 지배하고 있던 가톨릭에 대항하여 기독교(신교: 프로테스탄티즘)를 채택한 독일에서 범신론적인 관점으로 바라보았던 기존 세력과의 저항과 단절을 의미하는 흐름이었다. 독일 관념론은 이상적인 비전을 설정하고 이론과 현실에 있어서의 불가분의 간극을 실천적으로 변화시키려고 하는 노력해왔다. 이를 위해 종합하고 시너지를 이루며 추진하고자 하는 힘을 발생시키려는 학문적 관심을 의미한다. 산업혁명 이후 대규모 공장에서 생산되는 공업제품들은 대량생산으로 인해 가격은 저렴했지만 품질에 있어서는 심각한 수준이었다. 기계파괴 운동과 수공예부흥 운동이 일어날 정도로 공장생산에 대한 반감이 확대된 상황과 대중들이 저렴하게 수준 높은 미적 제품을 향유해야 한다는 이상은 전혀 다른 차원의 모순적 조건이라고 할 수 있다. 이상적 비전과 현실과의 간극을 통합하여 줄여나가고자 하는 노력은 그래서 어려운 것이고 부단한 양 극단사이의 고된 소통과 많은 노력이 필요한 것이다.

독일공작연맹과 바우하우스는 기계와 대량생산체계의 변화라는 사회적 흐름을 적극적으로 수용하면서도 동시에 대중의 생활과 미적의식의 수준을 끌어올리기 위한 조건과 방법론, 그리고 팀 작업과 교육 등에 힘을 쓰면서 실질적인 현실의 변화를 이끌기 위해 노력했다는 점에서 세계사적으로 의미가 있는 운동이었다.

하버마스는 주체중심의 폐해를 극복하고 객체들 사이에서의 올바른 대화를 통해 적절한 합의를 도출할 수 있는 조건을 연구했다. 다원적 사회에서의 다양한 니즈와 요구사항을 기존 구조에 포용하여 녹여내어 보완된 구조, 바람직한 안정된 구조를 만들어나가고자 했던 중도 좌파적 관점의 프랑크푸르트학파의 사유는 이상과 기술의 조건을 교육과 통합을 통해 점진적으로 발전시켜나가고자 했던 두 운동과 연계될 수 있다. 그러한 방향성은 오늘날 글로벌화 된 사회적 조건에서 더욱더 힘을 발휘하고 있다. 이케아로 대변되는 저렴하면서도 가격대비 일정수준 이상의 심미적 품질과 생활수준을 보장할 수 있는 생활 공업제품을 우리는 오늘날 향유할 수 있게 된 것이다. 이러한 흐름은 독일공작연맹과 바우하우스의 모토와 실천적 행위들과 연계된다.

0928 에리히 프롬 및 마르쿠제와 포스트모던 시대의 도시건축과의 관계는 어떻게 연계 되는가?

산업혁명 이후의 자본시스템은 인간을 도구화시켜 자본의 시스템 속 부속품으로 전락시키는 경향이 가속화되고 있고 비판의식을 무력화시키기 위해 소비를 촉진시키고 수동적으로 사는 일차원적 인간을 양성하고 있다고 비판한다. 따라서 마르쿠제는 일차원적 인간을 양성하는 사회를 비판하며 이러한 현상과 사회분위기에 저항하라고 촉구한다. 또한 프롬은 사회, 경제적, 정치적, 문화적 가치로부터 생산과 소비의 순환관계 속에서 도덕적 가치가 훼손되고 폐해가 발생하는 부분에 대해서 반성해야 하며 참여를 통한 공동체적 관점의 윤리적 방안을 주장했다.

포스트모던 담론에서는 다원화와 차이를 중심으로 하여 다원적 가치의 긍정적인 부분을 강조한다. 그러나 동시에 대중취향의 세속화와 저질의 문화가 범람하며 퇴보하는 또 다른 문제들이 양산되는 측면이 있다. 일견 다양하고 다원화되어 있는 사회인 것으로 보이지만 오히려 획일적인 다양성으로 황폐화되고 있는 역설적인 상황이 전개되고 있는 것이다. 다양성의 존중이 꼭 사회의 진보와 발전을 의미하지는 않는 측면도 존재하는 것이다. 다원성에 근거한 윤리적 조건을 기반으로 하여 객체들의 참여를 통한 건전한 공동체 의식 함양과 인정의 사회분위기와 합의(대화)를 통해 만들어나가는 사회구조와 조건, 그리고 그로부터 파생되어 나오는 도시건축 공간구조, 경관, 문화에 대해서 생각해보아야 할 것이다.

0929 아도르노의 부정변증법과 포스트모던 건축프로그램 및 공간과의 관계는 무엇인가?

아도르노의 부정변증법은 이미 부정변증법이라는 키워드 자체에서 포스트모던 시대의 담론의 많은 부분을 감지할 수 있을 정도로 동시대적 담론의 깊이와 논의될 내용들이 많은 철학자이다. 부정변증법이라는 키워드를 내세운 것처럼 정이 있으면 반에 더욱 중점을 두고 연구를 집중하고 있음을 감지할 수 있다. 정의 구조가 세워지면 그 정의 반대되는 혹은 그 이면의 여러 가지 욕망의 힘과 심리에 의해서 만들어지는 혹은 영향을 주는 다양한 변수들에 대해서 주목하는 것이다.

헤겔은 노예와 주인의 관계를 설명하며 주인이 화려하게 누릴 수 있기 위해서는 역설적으로 노예가 존재하지 않으면 안 되며 그러한 이면에서의 노예의 노동과 생산이 주인에게 관계되어 드러날 때 비로소 주인다워질 수 있음을 강조했다. 이러한 관계는 서로 상보적인 관계에 있을 때 서로의 존재가 필요함을 인식하고 서로 노력할 때 시너지를 이루며 발전할 수 있음을 강조한 것이다. 그것은 자본사회에 있어서 노사와의 관계와 비교할 수 있다. 어떠한 생산 결과물이나 어떠한 예술작품으로 드러난 형태와 공작물이 생산되는 행위 이전에 그것을 만들어내게 하는 심리적, 욕망의 작동과정과 표현의 드러남을 위한 이면에서의 관계와 과정이 중요하다. 주체 중심의 사고에서 오히려 객체 중심으로 시선을 이동시켜서 객체의 시선으로 주체를 바라본다면 다른 방식의 방법론이 나올 수 있을 것으로 생각한 것이다. 단일의 주체가 획일적인 방식으로 사유하고 그러한 시각으로 프레임화하고 이데올로기화시켜 세상을 판단하고 재단하고자 했던 권위주의 시대의 이성의 폐해를 우리는 경험해왔다. 단일의 주체보다는 많은 수의 객체들의 차이와 변화로부터 만들어지는 주체의 구조를 생각하며 만들어나가는 방식과 형성구조에 대해서 사유한 것이 바로 부정변증법적 과정이라고 보아야 할 것이다.

아도르노는 주관에 의한 변증법이 부정의 부정을 통하여 어떻게 긍정적인 것을 사유할 수 있는가를 비판한다. 따라서 그의 변증법을 부정의 변증법이라 부른다. 그의 사유에서는 객체를 중시하기 때문에 개념에 의하여 비개념적인 것이 억압당하는 기존의 폐해가 발생하지 않는 조건을 중시한다. 이후 소수 엘리트가 주도하는 앞선 기술과 문화의 방식보다는 차이를 중심으로 하는 대중취향의 기호와 문화적 요소들을 포용하는 디자인과 문화적 흐름이 나타났다. 그것은 구조와 이데올로기적 체계의 강요와 이끌음이 아니라 대중의 니즈와 흐름과 수요에 맞추어 차이와 다원성에 입각한 진화라고 볼 수 있다.

부정변증법은 부정을 매개로 하여 대상을 인식하는 것이 아니라 주체와 객체의 짜임관계(Konstellation)를 통하여 파악하는 것을 중심으로 하고 있다. 따라서 그의 사유는 중심을 객체중심의 시선으로 돌리면서 객체로부터 주체로의 관계 혹은 사이관계에 주목하고 있는 것이다. 주체와 객체 사이의 관계 주체와 객체 사이에서 벌어지는 양상에 관심을 두었던 해체론이나 지젝의 사유가 이러한 관심영역이라는 점에서 그의 사유는 동시대적 사유의 관심사를 앞서 사유했다고 할 수 있다. 헤겔의 변증법적 과정의 폐해를 비판하고 그것을 근본적인 의미에서부터 고찰한다. 반대적인 시각으로 바라보면서 차이와 다양성을 기반으로 하여 새로운 주체를 만들어나가려고 하는 방향성은 포스트모던 담론 및 후기구조주의 사유의 출발점이 되고 있다. 이러한 점에서 오늘날에도 아도르노의 사유는 계속해서 논의되고 연구되며 재조명되고 있다.

서양문명은 과학적 이성에 의해 물질적인 면이 비정상적으로 발전하여 모든 것을 삼켜먹듯이 지배하고 있기 때문에 현대의 생활에서 그것의 혜택을 받고 있는 많은 사람들이 그러한 시스템에서 벗어나기는 쉽지 않다.

자본의 시스템 하에서 마치 혈관속의 피와 같은 역할을 수행하는 자본(화폐)의 동력에 의해 사회 시스템은 움직이게 된다. 자본주의 시스템은 결국 인간의 탐욕이 중심이 되어 집적되고 더 많이 집적하기 위해서 빠르게 순환주기를 만들어야만 살아남을 수 있다. 자연스럽게 인간의 삶은 더욱 빨라지고 여유가 없어졌다. 또한 무한 경쟁에서 살아남아야 하는 구조가 되었다. 경쟁을 위해서라면 자원쯤은 마구 낭비해도 괜찮은 구조이므로 자연을 황폐화시키는 주요원인이 되기도 하다. 불평등, 물신화, 환경파괴 등은 자본주의 발전의 어두운 그림자이다.

이러한 자본적 형태 역시 길드체계 이후로 서구의 자본의 역사가 만들어낸 운영시스템이다. 정보중심의 사회, 지식기반의 사회에서 우리는 새로운 경향을 보게 되고 빠르게 그러한 경향은 우리의 건조 환경 속으로 편입되어 변형을 이루고 있다. 그러나 아도르노의 사유와 같이 객체 중심의 혹은 객체들이 중심이 되어 만들어나가는 관계와 짜임을 중시하는 다른 차원의 사고가 중심이 되어 나타나는 다른 사회가 온다면 그것은 어떤 모습일까? 베버는 서양 자본주의 -전문적인 직업의식, 합리적인 삶의 방식, 신교의 윤리 속에 있다고 주장했다. 서양의 사고방식과 생활패턴에서는 공동체를 중시하고 대동사회를 추구하는 유교적 발상의 제도를 이해하기 힘들 것이다. 이성의 장점과 함께 반대급부의 야만적 폭력을 누그러뜨릴 수 있는 객관의 사유들이 주목하고 중심이 되어 짜임의 가치를 주목하고 있는 시대이다.

0930 비판적 지역주의와 포스트모더니즘 담론과 일정부분 연계되는 도시건축의 요소는 무엇인가?

비판적 지역주의는 지역의 콘텍스트를 중시하며 지역성을 충분히 반영하고 현대적 조건의 다양한 외적 변수와 표현특성을 반영하여 종합하여 낯선 새로움을 만들어내는 건축적 흐름을 의미한다. 합리적 이성을 바탕으로 하여 기존 콘텍스트를 분석하고 지역적 가치를 분석하여 중요한 지역적 고려요소들을 반영하여 건축에 적용시킨다. 이때 건축계획은 현대적 조건 및 기술발전과 표현요소들도 적극적으로 반영하되 기존 콘텍스트에 어울릴 수 있는 방안으로 접목시킨다. 옛것 같은 분위기이면서도 동시에 새로운 건축적 가치들이 접목된 건축공간구조 및 경관요소들은 익숙하면서도 동시에 낯선 새로움을 야기시킨다. 이를 통해 점진적인 발전의 생산물은 결과적으로 주위의 옛것들과 팽팽한 긴장감 속에서 서로의 존재를 의식하고 상보의 관계로 현실에 위치하게 된다. 모더니즘 이후 이러한 두 가지 방향성은 이율배반적인 모순의 경우가 대부분일 것이다. 문제는 이러한 방향성이 객체들간의 상호존중과 적절한 긴장감을 유지한 채 진화적 관점으로 기존의 것을 존중하면서 발전하는 방향성을 계속해서 견지하고 있다는 점이다.

포스트모더니즘은 차이와 비동일적 사유로부터 많은 영향을 받았으며 객체 우위의 다원적 가치를 중시하는 흐름이다. 다원적 가치로부터 만들어지는 대중취향의 창발적인 조합과 생산력은 매우 뛰어난 것이었다. 그러나 지역의 가치와 대중취향의 가치로부터 나오는 요소들을 언어적인 측면에서 생산과 소비의 순환구조로 몰락하게 된다. 세속적 취향으로 저속하게 만연하는 문화를 만들어내는 단점이 존재했던 부분은 무시할 수 없는 포스트모더니즘의 어두운 면이라고 볼 수 있다. 모더니즘의 대립적인 관점에서의 움직임의 폐해가 이러한 양상으로 나타난 것이다. 앞서 살펴보았듯이 아도르노의 사유는 포스트모더니즘 담론에 많은 영향을 끼친 것이 사실이나, 그의 사유는 이성의 신뢰를 포기하지 않았고 관념론을 비판하되 근본적으로 배제하지 않았다는 점에서 포스트모더니즘 담론과 일정부분 거리를 두고 있다. 마찬가지로 비판적 지역주의 역시 포스트모더니즘과 공통점은 지역적 요소들의 가치를 중시하고 반영한다는 것이지만 합리적 이성과 관념을 포기하지 않으면서 기존의 것을 합리적으로 분석하고 적용하고 있다. 그러나 새롭게 재해석하여 기존 것과 어울리면서 점진적인 발전의 낯선 것을 만들어내는 것을 추구한다는 점에서 세속화와는 차별화된 방향성을 지닌 디자인 방법론이 되고 있다는 점에서 차이를 보이고 있다.

0931 인정질서와 건축프로그램 및 공간과의 관계와 배치는 무엇인가?

호네트가 밝히고 있는 인정질서의 조건은 1)현존성, 2)동등성, 3)특수성, 4)우월성, 5)진리성 등이 있다. PART I에서 살펴본 바와 같이 구조 이면에서 무시 받거나 억압받는 사람이나 세력들이 줄어들고 합리적으로 입장 차이를 인정하고 포용할 수 있는 구조를 만드는 조건에 대해서 생각하는 것이다. 이러한 내용들이 성취되는 사회는 건전하고 바람직한 사회구조를 계속해서 발전시켜 나갈 수 있을 것이다. 이러한 조건을 건축에 비추어 생각해보도록 하자.

1)현존성: 무시되는 프로그램 혹은 건축적 요소 혹은 공간 점유하는 사람의 존재 여부
-콘텍스트 내 무시되는 요소를 적절하게 드러내거나 함께 할 수 있는 방안

2)동등성: 같은 프로그램으로서 존중받고자 하는 바람에 대한 대응여부
-콘텍스트 내에서 동등한 조건으로 인정하며 공존할 수 있는 건축적 방안

3)특수성: 특수한 상황에 따라 프로그램 및 고려사항이 무시되는지에 대한 여부
-특수한 콘텍스트 내에서 무시 받지 않는 요소

4)우월성: 서열화 등급화에 따른 위계부여의 기준 및 조건 재검토
-콘텍스트 내에서 존재하는 서열화와 위계부여의 적절한 검토와 조건

분석

5)진리성: 그들의 프로그램의 차이가 존재할 수 있음을 인정하는 태도라고 할 수 있다.

-콘텍스트 내에서 프로그램들 사이의 차이가 존재할 수 있음을 인정하는 자세

등으로 볼 수 있을 것이고,

또한 호네트의 개념과 관련하여 사회적 배려, 권리부여, 사회적 연대 등을 통해 콘텍스트 내에서 건축적 가치를 유지하고 조화를 이루며 발전할 수 있는 방안에 대해서 생각해 볼 수 있을 것이다. 이러한 가운데 새로운 시대성을 반영하여 적절하게 조화하면서 어떻게 새로움에 대한 정체성을 기존 콘텍스트 내에서 확보할 수 있을 것인가가 중요한 화두로 남게 될 것이다. 그것은 일정부분 오랜 기간 동안 그 지역의 콘텍스트 내에서 기능하게 될 근본 구조에 대해서 집중하는 구조주의적 실험(배치 및 입구, 창문 등의 개구부 집중)과 입면을 이루는 전통적 유형 요소들의 조합과 변형을 통하여 콘텍스트 내에 거스름 없이 존재하면서도 동시에 적절한 긴장감을 유지하는 낯선 새로움을 보여주고자 했던 비판적 지역주의와도 연계된다. 인정받는다는 것은 무시 받거나 튀어서 왕따 당하는 관계가 아니라 주위와의 관계 속에서 존중받는 관계이며 서열화에 따른 관계가 아니고 서로를 존중하는 관계라고 할 수 있다. 콘텍스트 내에서 서로 존중받을 수 있는 그러면서 자신의 정체성을 적절하게 드러낼 수 있는 것이 바람직하며 그 드러남이 적절한 긴장관계를 유지하면서 새로움과 조화되는 것이 바람직할 것이다. 건축내부의 프로그램으로는 우리가 일반적으로 생각하는 위계관계 혹은 일반적인 방식의 프로그램 배치, 효율성의 배치, 자본의 집적을 위한 우선순위에 의한 배치에 익숙해진 나머지 의도적으로 그러한 배치를 통해 우선순위에 밀리는 프로그램 혹은 기능을 이면에 혹은 가장 어둡고 습한 공간에 배치하고 있지 않는가를 다시 해보아야 할 것이다. 각 프로그램을 사용하는 사용자의 입장에서 혹은 사용자들에 대한

인터뷰와 개념에 대한 다시 생각하기 혹은 다시 정립하기를 통해 프로그램과 조닝에 대한 개념정립을 하고 새롭게 배치하는 것을 생각해보거나, 의도적인 병치를 통한 전혀 새로운 가능성의 탐색 혹은 잠재성의 드러남을 손쉽게 가능하게 하는 건축적 방법론을 생각해볼 필요가 있다. 관습적으로 설계하는 방법(글쓰기의 방법)에 익숙한 나머지 무시하거나 의도적으로 배척한 프로그램에 대해서 다시 생각하면서 그곳을 주로 사용하는 프로그램과 사람들의 관계를 역전시키거나 새롭게 병치시키거나 적절하게 드러내는 방법을 통해 건축 프로그램과 조닝, 그리고 복합체 자체에 대해서 다시 생각할 수 있을 것이며 프로그램과의 대화, 그 프로그램을 사용하는 사용자들과의 조화와 대화를 통한 적절하고 합리적인 건축적 해결을 도출해낼 수 있을 것이다. 그것이 바로 바람직한 사회의 인정질서 개념이 건축적 인정질서 개념으로 치환되어 적용된 것이 될 것이다.

0932 건축에서 주격 '나'와 목적격 '나'의 관계를 이루며 정체성을 확보할 수 있을 것인가? 화해의 건축→건축은 어떻게 이성의 시대의 폐해에 화답하고 화해할 수 있을 것인가? (폐해, 획일성, 프레임 건축, 기능위주, 배제/소외 에너지의 과다사용/비윤리적 요소)

내가 어떠한 자아로서 대접받고 인정받고 존중받을 것인지의 희망과 관계가 중요하고 그것과 화해를 이룰 때 바람직한 사회생활을 할 수 있듯이, 건축물 역시 주변건축물의 관계와 주변 콘텍스트 나아가 도시와의 관계에서 어떤 관계로 인정받고 존중받을 수 있을지에 대한 사고로 발전할 수 있을 것이다. 또한 프로그램 측면에서 생각하더라도 한 프로그램이나 조닝이 연계되거나 접합되는 프로그램과의 관계에서 어떤 프로그램으로 자리 잡고 존재하면서 인정받고 바람직한 쓰임새로 쓰면서 위치하게 될지에 대한 사고로 연장될 수 있을 것이다. 이것은 칸의 방의 사유와 복합적 구성과 연계된다.

콘텍스트 내에서 하나의 건축물이 주변과의 관계에서 어떤 관계로서의 건축물로 자리 잡고 인정받게 될 것인가 하는 질문과 함께 건축가가 만들어가는 건축물의 운명을 만들어나가는 과정이 될 것이다. 타인의 시각(다른 건축물과의 관계로부터 나타나는 시각)으로 형성된 본인 건축물의 목적격 건축으로 설정하고 바람직한 사회적인 관계의 건축물의 공간구조로 혹은 경관구조로 만들어나가는 과정이 그것이다. 목적격 건축이 자체의 내면화된 콘텍스트 내의 인정받는 건축물로 거듭날 때 콘텍스트와의 갈등을 피할 수 있는 방안이 될 수 있다. 혹은 건축물 내의 프로그램과의 갈등과 충돌로부터 벗어날 수 있는 방안이 될 것이다. 그러한 관계가 어긋나게 될 때 한 건축물 혹은 한 지구는 다양한 건축적 사회적 슬럼과 폐해를 가져오는 문제를 일으키게 된다. 도시의 슬럼들에서 나타나는 병리적 현상들의 바로 사회적 저항과 갈등의 다른 모습이라고도 볼 수 있다. 도시재생은 주격 나와 목적격 나가 일치되지 않는 문제점을 개선하여 도시 내에서 어느 정도 합리적인 방식으로 바람직한 목적격 나를 만들어나가는 과정이라고 할 수 있다. 이러한 사회적 갈등을 봉합하고 화해할 수 있는 과정은 건축물과 도시공간구조, 경관 그리고 그 안에 사는 사람들과의 화해와 관계회복을 통해 이루어질 수 있다. 도시재생이 물리적 해결뿐만 아니라 공간 내에 있는 사람들의 사회경제적 분야의 향상을 통해 바람직한 목적격 나로서의 개인들을 만들어나가는데 초점을 맞추고 있다는 점에서 시사적이다.

0933 기존구조에 다양성을 포용하는 독일도시건축이 현대건축에 남기는 메시지는 무엇인가?

자연은 적자생존의 법칙이 지배하는 곳이다. 평화롭게 보이는 숲은 사실은 다양한 식물종들의 생존을 위한 치열한 각축전이 끊임없이 벌어지고 있는 전쟁터이고 그에 따라 공간은 종들의 경쟁의 결과에 의해 영역을 점유하고 있다. 방임적 자유와 경쟁에 의해 자연스럽게 질서를 만들어나가는 구조는 이미 다양한 종들 사이의 경쟁을 설정하고 있는 것이기에 다양성은 이미 기정사실화 된 것이고 그로부터 만들어내는 창발과 경쟁의 산물로서의 구조를 설정하고 존중하는 것이다. 비정상적이거나 과대한 독점적 강자는 오히려 그 강력한 힘으로 인해 경쟁자가 없어서 망하게 되어 있다. 그러나 멸망하는 순간까지 포악한 압제를 제어할 수 없는 것이 문제이다. 만인의 만인을 위한 투쟁을 막기 위해 인류는 국가라는 장치를 만들었고 우리들의 주권의 상당부분을 위임하게 되었다. 적절한 규제를 통해 인위적인 질서를 만들어나가는 것은 이면에 직접적으로 눈에 보이지 않는 비전과 이상을 전제하는 것이고 그것은 상당부분 이데올로기적이고 조직적인 관리 및 통제가 필요하게 된다. 정부의 크기가 개입의 정도를 중심으로 자유 시장경제에서 하이에크와 케인즈의 이론이 대립하는 바와 같이 정부통제가 극대화될 때 공산주의의 비효율성과 비인간화의 문제점은 이미 공산주의가 패망한 것에서 증명이 된 바이다. 문제는 다양성을 중심으로 질서를 잡아나가는 방식과 질서 속에 다양성을 포용하는 방식의 차이를 어떤 조건에서 어떤 방식으로 선택하느냐의 문제가 있을 뿐이다.

자유 시장경제를 상징하는 도시 뉴욕과 독일 중소도시의 이미지를 비교해보자. 인간세계의 최고의 창조적 인력들과 다양한 인종들이 모여드는 뉴욕은 센트럴파크를 제외한 모든 공간이 비현실적인 고층건물들로 빼곡히 채워져 있는 도시환경을 형성했다. 5%도 되지 않는 창조적 인력들을 위해 전 세계로부터 유입된 95% 이상의 이민 인력이 저임금에 시달리고 있는 현실이 있지만 뉴욕은 어쨌든 화려하고 활발한 발전을 추구하는 도시이다. 이와는 달리 상대적으로 저층 저밀도의 녹지공간이 충분히 존재하는 차분한 주택단지들이 위주가 되는 독일의 중소도시들은 활력면에 있어서는 뉴욕에 비교하면 무척 조용하지만 좀 더 인간적인 노동조건과 환경 속에서 살아갈 수 있으며 점진적인 발전을 추구한다. 이념의 극단적인 대립이나 경제제도 있어서의 극단적인 대립이 있더라도 합리적인 이성과 타협을 통해 점진적인 발전을 이루어나가는 것이 매우 중요하며 그것이 사회적 비용을 최소화하는 비결이다. 우리의 경우, 이념의 대립은 강렬하고 좌파와 우파의 대립과 합의가 상대적으로 매우 낮은 형편이며 그에 따른 정책적, 경제적 손실이 상당하다. 우리는 독일 관념주의의 사유로부터 나온 이상과 현실을 조화시키며 통합시키고 다음 단계로 나아가는 합리적 사유의 장점에 대해 숙고해보아야 한다. 독일의 합리적인 시스템과 사회분위기 절차와 합의의 전통이 만들어진 독일의 역사와 국민성이 만들어내는 결과물들에 대해서도 마찬가지이다. 그러한 분위기에서 만들어낸 도시설계 및 건축문화에 대해서 우리는 바람직한 영향을 받아야 할 것이다. 화려하지는 않지만 내실 있고 경제적이며 친환경적인 기술을 적용하고자 하는 의지, 차분한 외관과 엄숙미, 새로운 기술과 문화(사조)를 적극적으로 접목하되 전통과 기존 콘텍스트를 철저하게 존중하며 조화를 이루어나가고자 하는 태도는 우리가 꼭 본받아야 할 가치이다. 미국적 가치와 자유 시장경제에 많은 부분 영향을 받아온 우리나라의 학문적 생활적 분위기에서 도시계획과 건축문화 역시 자본의 논리에 영합하는 효율성과 합리성에 영향을 받은 측면이 많은 것이 사실이다. 주도적으로 눈에 띄게 드러나는 것은 없더라도 오랜 시간 지속가능하면서 점진적인 변화를 수용할 수 있는 구조의 도시건축문화를 만들어왔던 독일의 지혜를 살펴볼 필요가 있다. 그것이 바로 독일 건축 및 베를린 도시건축이 오늘날 우리에게 주는 교훈일 것이다.

찾아보기

ㅎ

그림출처

Harald Bodenschatz, 베를린 도시설계_유럽형 도시설계를 향한 역사적 증거, 박종기 역, 구민사, 2014, p14, 18, 21, 24, 57, 69, 90

IBA베를린국제건축전, 황재욱 역, A+U, 1987, p42, 89, 90, 149, 260

프리츠 노마이어, Oswald Mathias Ungers, 建築理念과 作品論, 진경돈 외 역, 미건사, 1990, p70, 71, 110, 153

Aldo Rossi, Buidings and Projects, Rizzoli, 1985, p66, 88

Meinhard von Gerkan, Architektur 1983-1988 von Gerkan Marg und Partner 2, Birkhauser, 2001 p.9, 13, 16, 17, 18

참고문헌

국내 단행본

1. 건축 부문

· 라파엘 모네오, 라파엘 모네오가 말하는 8인의 현대건축가, 임기택 외 3인 역, 공간사, 2008
· 로레 디첸외, IBA: 베를린 국제건축전 1987, 동재욱 역, 집문사, 1987
· 마이클 헤이편, 1968년 이후의 건축이론, 봉일범 역, spacetime, 2003
· 만프레도 타푸리, 건축과 유토피아, 김원갑 역, 1992
· 백석종, 미래파 건축, 세진사, 1997
· 버난트 클라센, 서양건축사, 심우갑 역, 대우출판사, 1997
· 손세관, 도시주거 형성의 역사, 열화당, 1993
· 양동근, 현대건축론, 기문당, 1995
· 윤재희 편저, 독일공작연맹과 건축, 세진사, 1995
· 윤재희 편저, 표현주의 건축, 세진사, 1995
· 윤재희 편저, 바우하우스와 건축, 세진사, 1995
· 이선구, 통일 독일 현대 건축, 시그마프레스, 2004
· 임기택 외, 도시재생 현재와 미래, 공저, 보성각, 2010
· 임기택, 이성의 명암과 건축이론, Spacetime, 2014
· 임기택, 구조주의와 건축이론, Spacetime, 2014
· 전진성, 상상의 아테네, 베를린.도쿄.서울, 천년의상상, 2015
· 최윤경, 사회와 건축공간, Spacetime, 2003
· 케이트 네스빗, 건축이론1, 2, 3, 최학종 역, Spacetime, 2005
· 토마스 마르쿠스, 권력과 건축공간, 유우상 외 역, Spacetime, 2006
· 프리츠 노이마이어, Oswald Mathius Ungers 건축이념과 작품론, 미건사, 1994
· 해성E&P 편집부, 독일건축, 영문출판사, 1994
· Harald Bodenschatz, 베를린 도시설계_유럽형 도시설계를 향한 역사적 증거, 박종기역, 구민사, 2014
· Lesnikowski, W. G., 합리주의와 낭만주의 건축, 박순관, 이기민 역, 국제, 1993
· Pevsner, N., 근대디자인 선구자들-윌리엄 모리스에서 월터 그로피우스까지, 정구영,김창수 역,

· Pirenne, H., 중세 유럽의 도시, 강일휴 역, 신서원.1997,
· William J. R. Curtis, 1900년 이후의 근대건축, 강병근 역, 화영사, 1993
· 保坂陽一郎, 경계의 형태 그 건축적 구조, 이진민 역, 한국산업훈련연구소, 1999
· Gunter Feuerstein, 독일건축의 신경향, 정영수 역, 산업도서출판공사, 1986
· Gerhard G. Feldmeyer, 최신 독일건축, 김도식 역, 1993

2. 도시 부문
· 김 원, 사회주의 도시계획, 보성각, 1998
· 데이비드 하비, 자본의 한계, 최병두 역, 한울, 1995
· 마이크 새비지, 자본주의 도시와 근대성, 김왕배 외 역, 한울, 1996
· 에드워드 소자, 공간과 비판사회이론, 이무용 외 역, 시각과 언어, 1997
· 이규목, 도시와 상징, 일지사, 1988
· 조명래, 포스트포디즘과 현대사회 위기, 다락방, 1999
· 존 레니에 쇼트, 문화와 권력으로 본 도시탐구, 이현욱 외 역, 한울아카데미, 2001
· 피터 손더스, 도시와 사회이론, 한울아카데미, 1997
· Choay, F, 근대 도시, 이명규 역, 세진사, 1996

3. 철학 부문
· 고지원 외, 프랑크푸르트학파의 테제들, 사월의 책, 2012
· 로날드 칠코트, 포스트맑스주의, 이경숙 전효관 역, 민맥, 1992
· 릭 로데릭, 하버마스의 사회사상, 김문조역, 탐구당, 1992
· 마르쿠제, 일차원적 인간, 차인석역, 삼성출판사, 1988
· 문성훈, 미셸 포코의 비판적 존재론, 도서출판 길, 2010
· 문화과학 23호, 공공영역과 사회운동, 문화과학사, 2000
· 아도르노, 계몽의 변증법, 김유동역, 문학과 지성사, 2001
· 악셀 호네트, 정의의 타자, 문성훈 역, 나남, 2009
· 악셀 호네트, 인정이론, 문성훈 역, 사월의 책, 2010
· 에리히 프롬, 자유로부터의 도피, 이규호역, 삼성출판사, 1988
· 위르겐 하버마스, 현대성의 철학적 담론, 이진우 역, 문예출판사, 1994
· 윤평중, 푸코와 하버마스를 넘어서, 교보문고, 1990
· 이진경, 근대적 시, 공간의 탄생, 푸른숲, 1997,
· 이진경, 근대적 시선의 체제와 주체화(근대성의 경계를 찾아서), 새길, 2002
· 프레드릭 제임슨. 포스트모더니즘－후기자본주의 문화논리, 정정호 편, 문화과학사, 1989
· 테렌스 호옥스, 구조주의와 기호학, 오원교 역, 신아사, 1982
· 톰 록크모어 외, 하버마스 다시읽기, 임헌규 역, 인간사랑, 1995
· 할 포스터, 반미학, 윤호병 역, 현대미학사, 1993
· Lefebvre, H, 자본주의 도시화와 도시계획, 최병두, 한지연 편역, 한울, 1989

4. 예술 부문
· 아놀드 하우저, 문학과 예술의 사회사, 백낙청 역, 창작과 비평사, 1974
· 제임스 조이스, 피네간의 경야, 김종건 역, 범우사, 2003
· 존 멕퀸, 알레고리, 송낙헌 역, 서울대학교 출판부, 1983

5. 사회학, 경제학 및 기타 부문
· 막스 베버., 프로테스탄트 윤리와 자본주의 정신, 박성수 역, 문예출판사, 1988
· 막스 베버, 사회경제사, 조기성 역, 삼성출판사, 1988
· 강미현, 비스마르크 평전, 에코리브르, 2010
· 전진성, 상상의 아테네, 베를린, 도쿄, 서울, 천년의 상상, 2015
· 전진성, 박물관의 탄생, 살림, 2004

외국단행본
· Agger, Ben, Cultural Studies as Critical Theory, London: Falmer Press, 1992
· Benjamin, W. The arcades project. Ed. Rolf

Tiedemann, trans. Howard Eiland and Kevin McLaughlin. Cambridge, MA: Harvard University Press, 1999
· Bernstein, Richard, Jurgen Habermas and Modernity, Cambridge: Polity Press, 1985
· Best, Steven & Douglas Kellner, Postmodern Theory, London: MacMillan, 1991
· Calhoun, Craig, Introduction: Habermas and the Public Sphere," Habermas and the Public Sphere, Cambridge: MIT Press, 1992
· David Grahame Shane, Recombinant Urbanism, Wiley, 2005
· Leonardo Benevolo, The History of the City, MIT, 1975
· Manfredo Tafuri, Theories and History of Architecture, New York, 1978
· Thomas McCarthy, The Critical Theory of Jrgen Habermas, Cambridge: MIT Press, 1978

학회 논문

· 김승범, 김광현, 케네스 프램턴의 비판적 지역주의가 지니는 한계점과 현대적 의의, 대한건축학회 논문집, 27(8), 2011
· 김광현 외, 19세기 박람회의 공간구축에 관한 연구, 대한건축학회논문집, 19권 8호, (통권 178호), 2003
· 오덕성, 독일 복합용도 Complex의 계획방향에 관한 연구, 대한건축학회논문집, 6권 4호, (통권 30호), 1990
· 윤홍연, 주범, 독일의 건축사 자격과 교육의 국제비교, 建築 第60卷 第3號 2016
· 이병욱, 김용승, 박용환, O.M.Ungers의 건축에서 나타나는 르네 마그리트의 이중성에 관한 연구, 한국실내디자인학회 논문집, 13(1), 2004
· 이호중, 귄터 베니쉬의 건축공간 특성에 관한 연구, 한국실내디자인학회 논문집 25, 2000
· 장용순, 웅어스와 콜린 로우의 도시론에 대한 비교연구, 대한건축학회 논문집, 34(9), 2018
· 장용순, '도시 안의 도시(city in the city)' 에 나타난 콜하스의 건축과 도시론의 성격에 대한 연구, 대한건축학회 논문집, 34(7), 2018
· 정태용, 케네스 프램턴이 건축 현상학에 끼친 영향, 한국실내디자인학회 논문집, 26(5), 2017
· 조자연, 독일 설계경기에 나타난 패러다임에 관한 연구, 대한건축학회 계획계, 18(10), 2002
· 최재필, 크리스토퍼 알렉산더의 건축설계과정 개념 변화에 관한 연구, 대한건축학회 논문집, 10(5), 1994
· 한혜진, 성인수, O. M. Ungers의 건축 특성에 관한 연구, 대한건축학회 학술발표대회 논문집, 21(2), 2001

현대철학과 건축이론 시리즈 9
Philosophy and Architecture Series

사회비판이론과 건축이론

1판 1쇄 2019년 9월 20일

저자 임기택(ktarchitect@pknu.ac.kr)

발행인. 김기현
발행처. 시공문화사(Spacetime)
디자인. Design Battery

등록. 1993년 3월 12일
주소. 서울시 서대문구 독립문공원길 13 극동프라자 5층(03733)
전화. 02)3147-1212, 2323
전송. 02)3147-2626

www.spacetime.co.kr, spacetime@korea.com
ISBN 978-89-5592-421-3 93540

정가 10,000원